사진으로 읽는 군인 백선엽

정신이 살아있는 출판
청미디어
CHEONG MEDIA

사진으로 읽는

군인 백선엽

초당

Through the Lens of Valor; General Paik's Story in Pictures

엮은이 오동룡
감 수 온창일
남정옥

축하의 글

나라 위해 생애 바친 고귀한 정신 같이하고 싶어

제2차 세계대전이 끝나면서 우리 민족의 해방과 더불어 세계는 두 가지 희망의 약속을 믿었다. 모든 식민지는 독립국가가 되며, 다시는 무력에 의한 침략과 전쟁은 허용될 수 없다는 공약이었다. 그러나 공산국가의 음모에는 변화가 없었다. 김일성과 스탈린은 대한민국이 안정되기 전에 무력으로 통일하자는 계획을 감행했다.

2주간 이내에 부산까지 점령할 수 있다고 믿었다. 성공을 거두지 못한 흐루쇼프는 쿠바와 동맹을 맺으며 미국까지 압박하는 전략을 추진했다. 전쟁까지 각오한다는 미국의 단호한 조치에 밀려 후퇴했다.

지금도 공산 정치를 확장하기 위해 러시아는 우크라이나 전쟁을 벌이고 있다. 제2의 한국전쟁과 성격이 같은 침략이다. 중국은 홍콩에 대한 공산 정책을 강행했고, 대만까지 공산정권 밑으로 통합한다고 선포했다. 북한은 그동안 핵무장에 총력을 집중했다. 지금은 무력의 우위성을 갖고 대한민국을 적대시하고 있다. 적화통일의 야망을 굽히지 않는 실정이다.

1950년의 6·25전쟁은 어떠했는가. 김일성의 공산정권은 해방되는 해 10월 김일성 환영대회 때부터 움트기 시작했다. 적화통일은 절체절명의 과제였다. 공산정권은 모든 준비를 갖추고 전쟁을 일으켰다. 그런데 우리는 전쟁이 발발하는 전날 토요일에 용산의 육군본부 장교클럽 낙성 기념 파티를 열었다.

전국의 국군 지휘관들을 초청해 밤새도록 연회를 베풀었다. 주말이라고 사병들에게는 휴가를 보냈다. 그때 나는 서울 광화문에 있었다. 방송이 들려오기 시작했다. "모든 군인은 휴가를 중단하고 부대로 돌아가고, 전후방의 지휘관들은 연회장을 떠나 원대 복귀하라"는 지시였다.

이 모든 것이 공산정권과 공산당의 사전 계획에 따른 것이다. 당시 지휘관의 한 사람이었던 김석원 장군의 고백 그대로다. 6월 25일 새벽에 작전이 시작되었는데, 27일 오후에는 서울에 잠재해 있던 남로당원들의 공작까지 찾아볼 수 있었다. 이화여자대학 뒷산에는 인공기가 나타났을 정도다. 공산군은 대한민국의 군 장비는 물론, 군의 조직과 부대의 위치까지 상세히 알고 있었다.

정부는 대전을 거쳐 부산까지 후퇴했고, 국군은 지휘계통을 갖추지 못했다. 미국을 위시한 유엔군의 도착은 늦어지고 전선은 남하하기 시작했다. 미 해병대까지 폭풍을 만나 상륙이 지연됐다. 국군은 할 수 없이 부산을 보루로 삼는 마산, 대구, 경주 전선에서 방어하는 최후의 작전을 세웠다. 정부에서는 최악의 경우를 고려해 공산군의 공격을 받으면 군경가족은 먼저 희생될 테니까, 일본의 오키나와섬으로, 기독교인들은 제주도로 피신시키자는 계획과 여론까지 전해지고 있었다. 미군과 유엔군이 상륙하고 전투를 개시할 때까지는 우리 국군이 공산군을 방어해야 했다.

그런 절박한 때에 적군의 진격을 저지하기 위해 부대 전체가 필사의 의지로 항전한 지휘관이 백선엽 장군이었다. 백선엽 장군의 전략과 치열한 전투가 실패했다면, 부산의 정부와 대한민국의 존립은 불가능했을 것이다. 유엔과 미국이 백선엽 장군의 공로를 높이 평가하는 이유를 짐작케 한다. 백선엽 장군의 승리가 국가적 위기를 모면했고, 국군은 다시 서울을 탈환하는 결과가 되었다.

내가 개인적으로 백선엽 장군을 만나게 된 것은, 조선일보가 창간 100주년을 맞이하면서 같은 해에 태어난 사람 중에 문무(文武)를 대신했던 우리 둘을 찾아 만나게 해 주었다. 우리 둘은 같은 고향 출생이면서 대한민국과 더불어 빼앗긴 북반부를 자유세계로 회복하려는 꿈과 사명이 있었기 때문이다.

동갑내기인 백선엽 장군은 가난하게 자란 나보다 더 심한 역경에서 성장했다. 그 당시에는 국비로 중고등교육을 받을 수 있는 길은 우수한 학생이 가는 사범학교를 거쳐 교사가 되는 것이다. 군 계통의 사관학교는 가난한 젊은이들이 선택하는 고등교육과정이었다. 그리고 애국심은 사회 모든 분야에서 일본인보다 앞서는 것이다. 손기정, 안익태, 북에서 존경받는 최승희 등이 그 대표이다. 백선엽 장군은 그 길을 선택했기 때문에 해방된 조국과 더불어 누구도 뒤따를 수 없는 군사적 업적을 남겼다.

청소년 기간의 백선엽 장군은 나보다 모든 면에서 우등생이었고, 전쟁을 통해 역사에 남을 공적을 세웠다. 나 같은 사람을 대신할 사람은 많았으나 백선엽 장군을 대신할 군인은 없었던 것도 사실이다. 존경스럽고 고마운 애국자의 한 사람이다. 나와의 만남은 짧았으나 나라를 위하는 마음의 우정은 남으리라고 생각한다.

이번에 백선엽 장군의 군 생활을 중심으로 사진집을 출간하게 된 것도 그 분의 역사적 기록의 일부가 될 것으로 믿고 감사한다. 나라를 위해 생애를 바친 고귀한 정신을 같이하고 싶다. 나라를 사랑하는 여러 독자와 축하드리는 마음이다.

2023년 가을에

김형석 삼가

엮은이 글

사진으로 읽는 군인 백선엽의 6·25

백선엽 장군이 하늘의 별이 된 지 벌써 3주기가 지났다. 6·25전쟁 영웅 백선엽 장군에 대한 우리의 기억은 시간이 지날수록 퇴색할 것이다. 만약 사진과 기록으로 정리되지 않고 흩어진다면 백선엽 장군의 6·25전쟁 투혼은 '메멘토(Memento)'처럼 우리의 뇌리에서 사라질지도 모른다.

백선엽 장군이 6·25전쟁 당시 승리에 결정적 역할을 했던 다부동 전투는 세계 전쟁사에 등장하는 테르모필레 전투와 흡사하다. 이 전투는 스파르타의 레오니다스 1세를 비롯한 300 용사가 마케도니아 해안의 테르모필레 협곡에서 페르시아의 100만 대군을 막다가 전원 옥쇄(玉碎)한 역사적 사건이다. 테르모빌레는 영화 '300'으로 널리 알려져 있다. 다부동이 돌파되면 임시수도 대구가 적 포화의 사정거리에 들어가고 부산까지 밀려 남한 전역이 적화될 가능성이 컸기 때문에 다부동의 전략적 가치는 상상을 초월했다.

백선엽 장군은 건군에 참여했을 뿐만 아니라, 6·25전쟁 발발부터 휴전까지 3년1개월4일17시간(1129일)을 전장에서 보냈다. 6·25전쟁 기간 중 미국의 아이젠하워 대통령을 만나 한미동맹의 초석을 닦고, 사단을 증편하고 야전군을 건설한 '한국군 현대화의 아버지'다. 유엔군사령관 마크 클라크 대장은 그의 회고록 《다뉴브강에서 압록강까지(From the Danube to the Yalu)》에서 "한국군 발전의 모든 공로는 휴전회담 조인 당시 16개 전투사단을 지휘한 젊은 백선엽 대장에게 주어져야 한다"면서 "나는 그가 정직함과 용기, 그리고 훌륭한 직업적 능력을 가졌으며, 동시에 항상 팀플레이를 하는 인물임을 알게 됐다"고 회고했다.

군인 가운데 백선엽 장군만큼 기록에 철저한 분은 드물다. 그는 이미 1989년 6월 경향신문에 1년 동안 연재했던 6·25전쟁 회고록을 대륙연구소에서 《군과 나》로 출간해 백선엽 중심의 6·25전쟁의 역사를 만드는 데 성공했다. 백선엽 장군이 6·25전쟁 60주년 기념사업회 자문위원장으로 재임할 당시, 기자는 백선엽 장군으로부터 6000여장에 가까운 사진을 기사 작성에 활용하도록 제공받았다. 백선엽 장군의 《군과 나》가 《삼국사기》에 해당한다면, 사진집 《군인 백선엽》은 《삼국유사》로서 정사(正史)를 보완하게 될 것이다. 이러한 작업이 백선엽 장군의 103살 생신이 있는 2023년 11월에 맞춰 완성된다면 더 큰 의미가 있을 것이다.

백선엽 장군은 100살을 살았고, 그의 인생 가운데 6·25전쟁의 3년은 평범한 사람 인생 수십 개를 합친 것과 맞먹게 함축적이고 치열하다. 백선엽 장군의 사진들을 들여다보면 새로운 사실들이 새록새록 드러났다. 빛바랜 흑백사진의 디테일 속으로 들어가면, 70년 전의 인물들이 총천연색 옷으로 갈아입고 사진 속에서 걸어나와 당시 이야기를 들려줄 것만 같았다.

한편으로 사진을 선별하는 과정에서 아쉬움도 많았다. 분명 역사적으로 가치가 있는 사진임에도 인물들이 판별되지 않는 것이다. 엮은이가 과문한 탓일 수도 있지만, 감수를 담당한 6·25전쟁 권위자 남정욱 박사도 아쉬운 탄성을 내뱉은 사진들이 한두 개가 아니었다. 백선엽 장군이 생존해 계실 때 사진 설명을 들을 수 있었더라면, 현재의 사진집은 6·25전쟁사에 구멍난 퍼즐을 꿰맞추는 데 상당한 보탬이 됐을 거라는 생각을 했다.

자서전 《군과 나》를 읽어가면서 사진을 판별해 나가니 사진들이 눈에 쏙쏙 들어오면서 백선엽 장군이 들려준 에피소드들도 계속 떠올랐다. 2011년 10월 한미 FTA 미국 비준이 완료됐을 때, 백선엽 장군은 6·25 전쟁 때 영어 단어를 몰라서 애를 먹었던 일화를 들려주었다. 맥아더 원수를 네 차례, 아이젠하워 대통령을 세 차례나 만났고, 영어와 일어에 능통하고, 중국어 구사도 가능한 백선엽 장군이 영어 단어 하나 때문에 애를 먹었다니 이해가 되지 않는 말이다.

당시 콜린스 육군참모총장의 초청으로 미국을 방문한 백선엽 당시 육군참모총장은 1953년 5월 6일 오전 10시, 백악관 집무실에서 수행원을 배석하지 않고 아이젠하워 대통령과 단독으로 만났다. 아이젠하워는 중요한 이야기를 할 때면 배석자를 두지 않는 습관이 있다고 한다. 아이젠하워는 "한국 정부와 국민이 휴전을 반대하는 뜻은 잘 알고 있으나 한국전쟁을 종식시키겠다는 것이 나의 선거 공약이며, 우방인 영국과 여러 동맹국들이 3년씩 전쟁이 이어지니까 휴전을 하라고 압력을 가하고 있다"고 했다.

당시 이승만 대통령은 연합군이 휴전을 하면 국군을 유엔군에서 분리해 단독으로 공산군과 싸우겠다는 결심이었다. 백 총장은 "한국 국민들은 안전보장을 위해 미국의 방위조약(Mutual Defense Pact)을 원한다"고 요청했다. 아들뻘의 한국군 참모총장의 당돌한 요구에 아이젠하워 대통령은 "아시아 국가와 방위조약을 맺는 것은 드문 경우"라며 잠시 머뭇거리더니, "상원의 '래티피케이션'을 받아야 한다"고 했다.

당시 백 장군은 아이젠하워가 'ratification(비준)'이라는 말을 여러 차례 하길래, '뭔가 중요한 말인 것은 알았지만 정확한 뜻을 몰랐다'며 호텔방에 돌아와 서둘러 사전을 찾았다고 한다. 그제서야 '대통령이 상원의 비준을 필요로 한다는 뜻이었구나'라고 무릎을 쳤다는 것이다. 결국 아이젠하워의 주선으로 스미스 국무차관을 만나 한미 방위조약 문제를 협의했고, 1953년 11월 한국과 미국은 역사적인 한미방위조약을 체결하게 된다.

백선엽 장군은 'shuttle(왕복 차량)'이란 말도 1950년 평양진격 때 알게 됐다고 기자에게 말했다. 1950년 미 1기병사단과 평양 선점 경쟁을 하는 과정에서, 백 장군의 1사단에 배속된 미 포병대가 탄약 운반차로 보병과 포병 병력들을 번갈아 실어나르는 '셔틀 전진'을 구사하면서 그 단어의 뜻을 알게 됐다고 한다.

기자가 백 장군을 처음 만난 것은 한일월드컵이 열리던 2002년 4월이었다. 그해 9월, 다부동 전투 취재를 위해 백선엽 장군을 모시고 경북 칠곡군 가산면 다부동 현장엘 갔다. 6·25 당시 30세의 혈기왕성한 청년으로 전투를 지휘했던 그가 다부동 전적기념관 광장에 있는 구국용사충혼비(다부동 전투에서 1사단 2234명 전사)에 분향하고 충혼비에 새겨진 이름들을 어루만지는 것을 보았다.

백 장군은 "축구에서는 개인기 못지않게 팀워크가 중요하잖아요. 전쟁에서도 기습은 두세 번 이상 써먹을 수가 없거든. 기리니끼니 팀워크가 중요해요"라고 특유의 평안도 사투리로 말했던 기억이 난다. 백 장군은 "나는 전쟁 기간 중 부하들의 빰을 한 대도 때린 적이 없다. 나는 인내에 인내를 거듭하며 역경을 넘겼다"며 "무엇보다 지휘관은 자제할 줄 알아야 이기는 전쟁을 할 수 있는 것"이라고 했다.

2008년 1월초 한겨울, 백선엽 장군과 함께 서울 서대문구 냉천동 군사영어학교(현 감리교신학대학) 자리, 부산 감천리 제5연대 자리, 대구 제19전구지원사령부, 원주 제1군사령부 등의 창군 현장을 돌아보았다. 다부동과 파주 등 6·25전쟁 전적지를 다니면서 20년 넘게 백 장군의 증언을 취재하며 기록으로 남겼다. 특히 백 장군은 6·25전쟁 발발 직전 남침 징후를 파악하고 임진강 방어선을 구축한 현장을 찾았을 때, 기자의 고향인 파주 파평산(해발 495m) 아래 2~3부 능선에 구축한 진지들이 아직도 온존하고 있다는 것을 확인하고 감회에 젖기도 했다.

기자가 백 장군이 집무하던 전쟁기념관 군사편찬연구소 자문위원장실를 찾을 때면 "어서오세요, 인티미트 프렌드(intimate friend)"라며 목소리를 높여 인사를 건네시곤 했다. 백 장군은 생전 아침 8시면 전쟁기념관에 있는 6·25 전사편찬 자문위원장실로 출근했다. 한국은 물론이고 미국과 일본의 군 관련 인사들의 예방 일정들이 화이트보드에 빼곡했다. 백 장군은 강연요청이 들어올 때마다 주위에서 만류했으나, '내 머릿속에 있는 경험과 지식은 남김없이 전해 주고 가련다'며 기꺼이 초청해 응했다.

백선엽 장군은 자신이 만난 6·25전쟁의 영웅들 가운데 밴 플리트(1892~1992) 미 8군사령관을 가장 존경했다. 밴 플리트는 6·25전쟁 중에 폭격기 조종사로 참전한 외아들 제임스 밴 플리트 2세 중위를 잃는 슬픔을 겪었다. 제2군단 창설식에 참석한 밴플리트 사령관이 평소와 다름없이 태연하게 행동하는 것을 보고 '위인'이라고 생각했다고 했다. 밴 플리트는 1953년 육군대장으로 퇴역한 후 플로리다주에 머물렀고, 아이젠하워 특사로 한국 재건에 참여하기 위해 여러 차례 한국을 방문했다. 1992년 100회 생일 축하연 이후 만성 감기 증세로 그해 9월 23일 심장마비로 숨을 거뒀다. 초컬릿과 말린 과일을 좋아해 주머니에 넣고 다니며 아들뻘의 백 장군에게 나눠주던 그를 영원히 잊을 수 없다고 했다.

백 장군은 현역 시절 한미동맹 발전을 위해 관련 인사들과 골프를 쳤을 뿐 특별히 하는 운동은 없었다. 그럼에도 그가 건강을 유지할 수 있었던 비결은 규칙적인 생활 습관 때문이었다. 한 번은 건강검진 체크에서 "내 장기(臟器)는 60대 노인 정도라고 하더라"며 좋아하시는 것을 들었다. 지금은 없는 미 8군 영내의 양식당 '카민스키'의 특대 꼬리곰탕을 장정(壯丁)들보다 더 빨리 드시는 모습을 보고 눈이 휘둥그레진 적이 있었다.

용산 기지 내 호텔인 '드래곤 힐 라지'에서 식사할 때면 백 장군은 야전처럼 뷔페를 즐겼다. 접시를 든 채 미군 장교들과 함께 차례를 지켜가며 음식을 챙겨 오셨다. 스테이크나 햄버거는 절반을 손수 칼질한 다음, 기자와 보좌관에게 덥석 놓아주며 "많이 드세요"라고 했다. 1960년대 중반 캐나다 초대 대사 재임 시, 캐나다로 이민 오려는 독일 광부와 간호사들에게 보증을 서고 비자를 내준 일, 캐나다 교민들을 대사관저로 불러 음식을 대접하느라 부인 노인숙 여사가 '취사병' 역할을 했다는 이야기, 교민들과 함께 사람 키만한 캐나다 고사리를 뜯어다 솥에 삶았을 때 시커먼 물이 쏟아진 이야기도 들려주셨다.

백 장군은 '자기 관리'에 철저한 분이었다. 백 장군은 맹호출림(猛虎出林)의 평안도 기질처럼 성미가 급해 보이지만 화가 날수록 더욱 자기 절제를 하는 분이다. 백 장군은 기분이 좋으면 편안하게 반말을 하지만, 기분이 언짢으면 부하에게도 경어(敬語)를 쓰는 경향이 있다. 기자가 백 장군과 대화 중 6·25전사에 대해 이해 부족을 드러내면, 백 장군은 대뜸 "기자가 공부를 해야지, 아시겠어요?"라고 했고, 기자는 그때부터 등에 식은땀이 났다.

2010년 무렵부터 백 장군님 사무실엔 2개의 액자가 걸렸다. 하나는 "배를 삼킬 만한 큰 고기는 작은 물에서 놀지 않는다(탄주어불유지류·呑舟魚不遊支流)"라는 《열자(列子)》의 글이고, 또 하나는 '즐풍목우(櫛風沐雨)'다. "바람으로 머리칼을 빗고, 빗물로 목욕을 한다"는 《십팔사략(十八史略)》에 나오는 글로, 야전군인의 모습을 표방한 글귀다. 백 장군은 포부가 컸고, 그 포부 속에서 군을 지휘했던 기개 높은 '군인'이었다.

《군인 백선엽》의 사진은 모두 1002매의 사진을 수록했다. 백 장군이 기자에게 제공한 사진을 기본으로, 추가로 미 국립문서기록보관청(NARA), 라이프(LIFE), 조선일보DB, 엮은이의 사진 등을 추가했음을 밝힌다. 사실상 기자가 갖고 있는 백선엽 장군 사진 6000여장은 대부분 미공개 사진으로, 이번 사진집에 600여장을 엄선해 수록했다. 특히 사진들 가운데 1950년 10월 평양 수복 당시 미 제2사단 포스터 중령의 문서수집반이 수집한 사진들도 상당수 포함하고 있다. 백선엽 장군의 6·25전쟁 미공개 사진 자료는 향후 학술적 가치가 높을 것으로 기대된다.

또 하나, 사진집 《군인 백선엽》은 백선엽 장군이 1960년 5월 31일 연합참모본부 총장으로 군문을 떠난 이후의 행적은 담지 않았다. 백 장군은 중화민국 대사, 프랑스 대사(13개국 대사 겸임), 주캐나다 대사 등 외교관으로 활동했고, 1969년 교통부장관을 역임했다. 《군인 백선엽》은 군인 백선엽의 면모를 부각하기 위해 군인 이외의 경력은 제외했음을 밝힌다.

끝으로 사진집 《군인 백선엽》이 나오기까지 발간 축사를 써주신 백 장군과 평양 동향의 동갑내기 김형석 연세대 명예교수, 감수를 맡아준 온창일 육군사관학교 명예교수, 전 군사편찬연구소 책임연구원 남정옥 박사께 머리 숙여 감사드린다. 그리고 어려운 출판 여건에도 양장본 사진집 출판을 기꺼이 허락해 주신 신동설 청미디어 대표, 품격있는 사진집 제작을 위해 애쓴 신재은 편집장과 박정미 디자이너께도 감사의 인사를 전하고 싶다.

백선엽 장군을 떠나보낸 지 3년이란 시간이 흘렀다. '살아있는 영웅'을 소홀하게 보내드린 송구함과 허전함이 크다. 존 틸럴리 전 주한미군사령관의 말처럼, '백선엽의 전설'은 계속되어야만 한다.

2023년 11월 8일

오동룡 군사학 박사

목 차

U.S.

제1장

전쟁의 한복판에 서다

제1사단장

문산방어선이 무너지다

낙동강 피의 공방, 다부동 전투

평양입성, 생애 최고의 날

참담한 1·4후퇴, 통일은 멀어졌는가

"사단장 각하, 전방에서 적이 전면적으로 침공해 왔습니다. 개성은 벌써 점령당하지 않았나 생각됩니다." 1950년 6월 25일 아침 7시경, 사단 작전 참모 김덕준 소령의 숨가쁜 전화가 백선엽 1사단장(대령)이 받은 6·25전쟁의 제1보였다. 당시 미국의 브래들리 합참의장은 6·25전쟁을 일컬어 "잘못된 곳에서 잘못된 시기에 일어난 전쟁"이라고 했듯, 신생 대한민국에게는 너무나도 가혹한 시련이었다.

이에 반해 북한은 소련의 사주로 용의주도하게 6·25 전쟁을 기획하고 도발했다. 북한은 남한을 기습적으로 선제타격한다는 작전계획을 수립했고, 사흘 안에 서울 부근의 국군 주력부대를 포위 섬멸한 후, 50일만에 남한 점령을 끝내 광복절에 맞춰 남북통일을 선언한다는 전쟁 계획을 수립했다.

북한군이 소련 군사고문단과 함께 작성한 작전계획에 따라 항공기와 전차 등 당시 첨단무기로 무장하고 38선을 넘었다. 개전 초기 남북한 군사력 현황을 보더라도 '어른과 아이의 싸움'이었다. 북한군은 소련으로부터 무기를 지원받아 항공기 226대, 전차 242대, 자주포 176문을 보유했으나, 국군은 전차 한 대도 없었다.

병력과 화력면에서 압도적인 북한군은 무방비 상태의 국군을 상대로 초전에 기습을 달성하는데 성공했다. 전방 사단장들은 불과 며칠 전 단행된 인사이동으로 부대 현황조차 파악하지 못했고, 병사들은 대부분 외박이나 휴가를 나간 상태였다. 백선엽도 제1사단장으로 부임한 지 두 달이 지나지 않은 데다 전쟁 발발 열흘 전부터 시흥 소재 보병학교에서 고급 간부 훈련을 받고 있었다. 국군은 소련이 북한군에 공급해준 T-34 전차를 멈출 대전차무기조차 없었다. 결국 국군은 사흘만에 서울을 빼앗기고 말았다.

chapter 1

문산방어선이 무너지다

트루먼 대통령은 북한을 침략자로 규정했고, 발빠르게 국제사회에 협력을 요청했다. 미국 정부는 즉각 한반도 사태를 유엔 안전보장이사회에 제기하는 한편, 해·공군을 운용하도록 지시했다. 유엔 안보리는 6월 26일, 공산군에게 무력도발의 정지를 요청하는 결의안을 냈고, 6월 28일에는 한국에 유엔군의 참전 및 파병을 결의했다. 맥아더 사령관은 6월 29일 수원비행장에 도착해 시흥지구전투사령부, 한강방어선을 시찰하고 최소 2개 사단 이상의 지상군 투입을 트루먼 대통령에게 건의했다. 6월 30일 트루먼은 맥아더에게 지상군 투입과 38선 이북의 군사 목표를 폭격할 수 있는 권한을 부여했다. 맥아더는 당시 한반도와 가장 가까웠던 주일미군 제24사단 소속 스미스 특수임무대대를 파병했고, 이 부대는 1950년 7월 5일 오산 죽미령에서 북한군과 첫 교전을 치렀다.

한편, 기습에 성공한 북한군은 어찌된 일인지서울에서 사흘간 머뭇거리고 있었다. 풍전등화의 대한민국에게는 크나큰 행운이었다. 국군 제1사단이 행주나루터를 통해 뗏목을 타고 한강을 도하한 것을 비롯, 국군의 각 사단은 시흥지구전투사령부로 집결해 재편성을 했다. 시흥지구전투사령부는 한강방어선을 6일간 지켜낼 수 있었고, 국군과 미군이 전열을 가다듬을 시간을 벌어주었다. 1129일에 걸친 대역전의 드라마가 시작되고 있었다.

1947년 6월경, 북한 주민들이 소달구지에 가재도구를 싣고 소련과 미국이 갈라놓은 38선을 넘고 있다.
사진/ 미 국립문서기록관리청(NARA)

1945년 소련군이 평양에 진주하는 모습. 소련군은 곳곳에서 약탈, 강간 등을 자행했다. 사진/조선일보

1948년 6월 11일 인천항을 통해 미국으로 귀환하는 미군 병사들.
미국과 소련은 한국민들의 자치정부 수립 요구에 따라 철군을 결정했다. 사진/NARA

모스크바 3상회의 결정을 실천하기 위해 미소공동위원회가 결성되고,
1946년 3월 20일 제1차 미소공동위원회가 덕수궁에서 개최됐다. 소련의 테렌티 스티코프 중장이 첫 번째 미소공동위원회 모임에서 발언하고 있다.
왼쪽은 미군정 사령관이자 제24군단장인 존 하지 중장. 사진/NARA

1949년 3월 소련 모스크바를 방문한
김일성(오른쪽 끝)과 박헌영(김일성 바로 옆 안경 쓴 이)이
소련 제5차 최고회의장에 참석했다.
사진/NARA

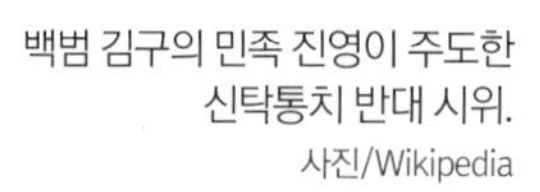

백범 김구의 민족 진영이 주도한
신탁통치 반대 시위.
사진/Wikipedia

1947년 5월 7일, 전북 군산 시민들이
브라스 밴드를 동원해 주한 미군정사령관
하지 중장을 열렬히 환영하고 있다.
사진/NARA

해방 직후 미·소 양국군이 진주했을 때 38선은 엄격한 경계선이 아니었다. 1947년 10월 남한으로 넘어 오는 북한의 일가족. 사진/NARA

6·25 전쟁 발발 직전인 1950년 6월, 국군 병사가 옹진지구에서 북한 지역을 경계하고 있다. 사진/NARA

6·25전쟁 발발 1주일 전인 1950년 6월 18일, 덜레스 미 국무장관 고문이 38선 상황을 시찰하고 있다.
유재흥 제7사단장이 손을 들어 설명하고 있고, 신성모 국방부장관이 쌍안경을 들고 있다.
사진/NARA

여수, 순천 주둔 국군 제14연대 내 좌익 분자들이 1948년 10월 19일 제주도 4·3사건 진압에 동원되자 군내 반란을 시도했다. 진압에 나선 국군들이 반란 폭도와 양민을 가려내기 위해 주민들을 한 곳에 모아놓았다. 오른쪽 대열의 사람들이 부역 혐의자. 사진/조선일보

1948년 5월 10일 아이 업은 여인과 할아버지가 나무로 된 투표상자에 투표지를 넣고 있다. 사진/NARA

1948년 5월 10일 한국 역사상 첫 총선거가 실시됐다. 93%의 유권자가 투표에 참가해 국민의 대표를 뽑아 독립정부를 수립했으나 반쪽만의 정부란 아픔이 뒤따랐다. 사진/NARA

1948년 8월 이승만 대통령의 초청으로 한국을 방문한 연합군총사령관 맥아더 원수가 김포공항에서 이 대통령과 반갑게 포옹하고 있다. 사진/NARA

1948년 8월 15일 옛 중앙청(조선총독부) 광장에서 열린 대한민국 정부수립 국민축하식.
한편, 김일성은 그해 9월 9일 북한에 공산정권을 수립했다. 사진/ 국가기록원

1948년 8월 15일 서울 중앙청 광장에서 열린
대한민국 정부 수립 축하 식전에서 이승만 초대 대통령(오른쪽)이
맥아더 원수(가운데), 하지 중장(왼쪽)과 나란히 서 있다.
사진/NARA

1948년 7월 20일 제헌국회에서 대통령에 선출된 후
중앙청에서 취임 선서를 하는 이승만 초대 대통령.
초대 대통령 선거에서 이승만 박사는 제헌국회 의원들의
간접선거를 통해 총 196표 중 180표를 얻어
초대 대통령에 당선됐다.
사진/ 건국대통령이승만박사기념사업회

소련군의 지원으로 북한 권력을 장악한 김일성은
마침내 1950년 6월 25일 소련제 T-34 전차를
앞세우고 38선을 넘어 남침을 감행했다.
이 전쟁은 3년을 넘게 끌며 지울 수 없는 민족적
참화만 남긴 채 정전상태로 지금껏 계속되고 있다.
사진/조선일보

북한군이 개전 초기 파죽지세로
서울로 밀고 들어오고 있다.
사진/조선일보

'조용한 아침의 나라(Morning Calm)' 한국이 세계의
뉴스 스탠드를 뜨겁게 달궜다. 1950년 6월 28일
런던 플리트가(Fleet Street) 신문 가판대에서 미국의
한국지원에 대한 소련의 반응이 나오자
길 가는 시민들이 신문을 사기 위해 몰려들고 있다.
사진/NARA

1950년 6월 27일 열린
유엔 안보리 회의. 소련의 불참 속에
남한에 대한 파병을 결정하는 유엔
안보리 결의안 제83호가 통과됐다.
만일 그 자리에 소련이 참석해
반대 1표만 행사했더라면, 신생국
대한민국의 운명은 고립무원,
패망의 길로 갈 뻔했다. 그날 소련은
1950년 1월부터 자유중국이 중국의
대표권과 거부권을 보유한 데 따른
항의로 불참했다. 사진/NARA

1950년 6월 27일,
미 국방장관이 펜타곤과
군 관계자들과 함께 한국 지원을
위해 차안에서 대화를 나누고 있다.
왼쪽부터 토마스 핀레터 공군장관,
프랭크 페이스 육군장관,
로톤 콜린스 육군참모총장,
프랜시스 매튜 해군장관.
이날 오전 트루먼 대통령은 맥아더
극동군총사령관에게 공산 세력의
침공에 맞서기 위해 해공군을
투입하라고 명령했다.
사진/NARA

1950년 6월 25일 제1차 유엔 안전보장이사회에서
장면 주미대사가 참관인(observer) 자격으로 북한군의 철수를 호소하고
있다. 미국과 유엔 안보리의 신속한 전황파악·대응조치가 이뤄진 것은
이승만 대통령의 미주 사회에서의 인지도, 장면 초대 주미대사의
미 상하원을 설득하는 외교적 노력의 합작품이었다.
사진/NARA

트루먼 대통령은 북한군의 남침에 대해 과거 독일의 체코와 폴란드
침공을 방관했다가 제2차 세계대전으로 확전된 사례와 유사한
상황이 될 것으로 판단, 미국 주도의 단호한 조치를 결심했다.
사진은 1950년 12월 16일 트루먼이 백악관에서 공산주의와 맞설
것을 촉구하는 국가 비상사태를 선포하는 포고문에 서명하는 모습.
사진/NARA

폭격으로 파괴된 임진강 철교. 1950년 6월 백선엽 제1사단장의 지시로 북한군의 진입을 차단하기 위해 공병대장에게 폭파를 명령했으나 실패했던 교량이다. 그 옆에 임시로 건설한 다리가 '자유의 다리'로, 이후에 통행을 위해 미 제84 공병건설대대가 건설했다.
사진/NARA

1950년 6월 28일 일부 군중의 환영 속에서 서울로 진입하는 북한군 전차.
사진/조선일보

유엔의 결의에 의해 한반도에서 침략군을 격퇴하기 위한 통합군이 구성됐다. 1950년 7월 14일 콜린스 육군참모총장으로부터 유엔 깃발을 전달받는 맥아더 원수.
사진/조선일보

1950년 6월 29일 맥아더 원수가 전황을 살피기 위해 도쿄에서 처음으로 한국 전선을 찾았다. 맥아더는 수원비행장에서 내려 이승만 대통령과 채병덕 육군참모총장이 참석한 가운데 전황 브리핑을 실시했다. 맥아더는 시흥지구전투사령부 김종갑 참모장과 동행해 한강전선이 보이는 신길동 근처에서 전황을 관측했다. 사진/조선일보

1950년 7월 미 육군 병사들이 한국전 참전을 위해 일본의 항구에서 배에 오르고 있다. 사진/NARA

1950년 7월 1일 미 제24사단 제34연대 장병들이 유엔 안보리 결정에 따라 일본을 떠나 부산항에 상륙하고 있다.
사진/조선일보

1950년 7월 2일 대전 방어전에 투입되는 제24보병사단 제21연대 제1대대 장병들이 대전역에 도착했다. 이 대대는 대대장인 찰스 스미스 중령의 이름을 따서 '스미스 특수임무부대(Task Force Smith)'라고 불렸다. 사진/NARA

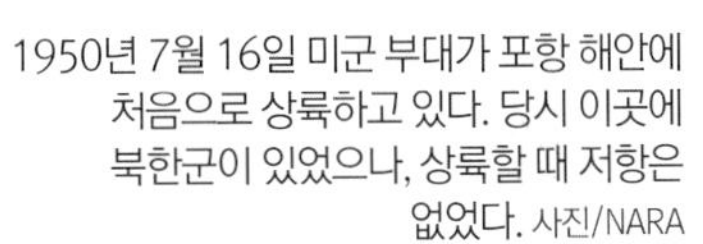

1950년 7월 16일 미군 부대가 포항 해안에 처음으로 상륙하고 있다. 당시 이곳에 북한군이 있었으나, 상륙할 때 저항은 없었다. 사진/NARA

F-51 전투기 인수를 위해 일본 이다즈케 기지로 건너간 조종사들이 기종 전환훈련을 받고 있는 모습. 6·25전쟁 첫날부터 북한 야크기가 김포비행장을 공격해 오자 이승만 대통령은 맥아더 원수에게 전투기 원조를 강력히 요구했다. 미국은 F-51 무스탕 전투기를 한국에 제공하기로 했다. 공군은 6월 26일 10명의 조종사를 선발, 일본으로 급파했다. 사진/ 공군

1950년 7월 2일 일본 미 태평양사령부를 출발한 F-51 무스탕기 편대가 현해탄을 건너는 장면. 날씨가 흐려 조종사들은 7월 1일 단 1회 비행훈련을 받았고, 7월 2일 F-51 무스탕을 몰고 이륙한 후 곧바로 기수를 돌려 한국으로 향했다. 다음 날인 7월 3일부터 곧바로 출격에 나섰다. 7월 4일 당시 공군의 에이스 이근석(준장 추서) 대령이 F-51 무스탕을 몰고 출격 중 적의 대공포에 피격, 전사했다.
사진/Wikipedia

1950년 8월 21일 미 해병대가 수송기편으로 한국전에 투입되고 있다.
사진/조선일보

국군 제1사단은 한강 이남으로 철수하여 낙동강변의 상주에 이르기까지 장장 300km의 장정(長征) 끝에 낙동강변에 섰다. 더는 물러설 땅은 없어 보였다. 한편, 1950년 7월 20일 김일성은 수안보 전선사령부까지 내려와 "8월 15일까지는 반드시 부산을 점령하라"고 독촉했다.

1950년 8월 초 낙동강방어선을 공격하는 북한군은 가용부대의 절반에 해당하는 5개 사단을 대구 북방에 배치했다. 따라서 8월 공방전의 승패는 대구 북방의 전투 결과에 따라 결정될 정도였다고 해도 과언이 아니었다.

워커 중장은 최초 낙동강 방어선을 X선, 그리고 최후 저지선을 Y선으로 설정하고 있었다. Y선은 왜관을 축으로 남으로는 낙동강, 동으로는 포항에 이르는 선으로 대구와 부산을 포함해 더 이상 물러설 수 없는 배수진을 구획하는 선이었다. 백선엽 장군은 Y선 방어개념에 합당한 지형으로 가산산성과 다부동을 지목하고 결전의 태세를 갖췄다.

전선은 급박해져 갔다. 경부선을 따라 스미스 대대를 비롯해 미 제24사단을 격파하고 파죽지세로 남하한 적 주공 제3사단이 국군 제1사단의 정면으로 엄습해 왔고, 이화령과 조령을 넘어온 적 제15사단과 제13사단이 가세해 당장 대구를 함락시킬 듯한 기세였다. 8월 12일부터 제1사단은 Y선의 최후 저지선에 투입됐다. 왜관~다부동의 최후 저지선에서 국군 제1사단과 미 제1기병사단이 왜관읍을 중심으로 어깨를 나란히 하며 싸우게 된 것이다.

8월 15일은 다부동 전투의 절정이었다. 사단의 모든 정면은 백병전 양상으로 변했고, 소총보다 수류탄으로 주고받는 혈투가 밤낮으로 계속됐다. 고지마다 시체가 쌓이고 시체를 방패삼아 싸우는 지옥도가 곳곳에서 전개됐다. 고통 속에 전황을 지켜보던 백선엽 사단장은 미 8군사령부 고문관을 통해 증원부대를 요청했다. 미8군은 미 제25사단 제27연대와 제23연대(프리만 대령)를 투입했다. 국군 제8사단 제10연대도 증원부대로 투입됐다.

chapter

2

낙동강 피의 공방, 다부동 전투

미 극동공군사령부는 8월 16일 낙동강변에 이른바 '융단폭격'을 단행했다. 이는 대구 정면이 위태롭다고 판단한 미 8군사령부가 낙동강 대안의 적 주력부대를 제압하기 위해 유엔군사령부에 건의해 실시한 폭격이었다. 융단폭격은 북한군 지휘관들에게 대단히 큰 심리적 충격을 준 것으로 판단됐다.

그럼에도 불구하고 8월 18일 가산에 침투한 적이 사격한 박격포탄이 대구역에 떨어지자 대구의 위기는 고조됐다. 그 충격으로 정부가 부산으로 이동하고, 피난령이 하달되는 등 대구 일대가 혼란에 휩싸였다. 그후 미 제1기병사단 정면의 적은 강을 건너오는 동안 많은 손실을 입고 접촉을 단절함으로써 소강상태가 유지됐고, 국군 제6사단 지역에서도 유엔 전폭기의 지원을 받아 이를 격퇴함으로써 적의 대구 공격은 제1사단 방어지역인 다부동 축선에 집중됐다.

특히 제1사단의 8월 20일 분전은 '전설'이 됐다. 미 제27연대의 좌측 능선을 엄호하던 제1사단 제11연대 제1대대가 고지를 탈취당하고 다부동쪽으로 후퇴하고 있을 때, 미 제27연대장은 백선엽에게 강하게 항의했다. 백선엽은 다부동으로 지프를 몰고 가 고지를 내려오는 부하들을 향해 "내가 선두에 서서 돌격하겠다. 내가 후퇴하면 너희들이 나를 쏘라"며 돌격 명령을 내려 고지를 재탈환했다.

국군 제1사단은 328고지-유학산~다부동~가산선에서 북한군 3개 사단의 집요한 공격을 끝까지 저지 격퇴함으로써 전투를 승리로 이끌었다. 마침내 8월 20일 적은 더 이상 다부동 전선을 돌파할 수 없다고 판단하고 유학산 정면을 공격했던 제15사단을 영천 방면으로 전환했고, 이로써 8월의 다부동 위기는 아군의 승리로 귀결됐다. 9월 15일 인천상륙작전 소식이 전해졌다. 국군 제1사단은 밀번 군단장이 지휘하는 미 제1군단에 배속돼 서울탈환과 평양 진격에 나서게 됐다.

6·25 전쟁 발발 6일 만에 부산에 도착한 미군 '스미스 특수임무부대'는 1950년 7월 4일부터 오산 죽미령 방어 전선에 투입됐다.
사진/NARA

개전 한 달도 안 된 1950년 7월 20일. 인공기를 앞세우고 대전 시내로 진주해 들어오는 북한군 제3사단. 윌리엄 딘 소장 휘하의 미 제24사단은 대전 전투에서 패퇴하고 말았다.
사진/조선일보

1950년 7월 18일 대전 전투에서 미·제24사단 병사들이 3.5인치 구경 수퍼 바주카포를 처음 운용하고 있다. 국군 제1사단은 낙동강 방어선에서 처음으로 운용했다. 기존의 2.36인치 M9 바주카로는 상대할 수 없었던 북한군 T-34 전차를 격파할 수 있어, 낙동강 방어전에서 맹활약했다.
사진/NARA

1950년 7월 20일 대전전투에서 미 제24사단의 윌리엄 딘 소장은 지상전에서 첫선을 보인 3.5인치 로켓포로 북한군의 T-34 전차를 파괴하기도 했다. '1950년 7월 20일 딘 소장의 지휘 하에 때려잡았다'고 쓴 글씨가 T-34 전차 포탑 아래에 선명하다.
사진/미 육군 군사연구소(United States Army Military History Institute)

미 8군사령관 워커 중장이 제24사단장 딘 소장과 이야기를 나누고 있다. 딘 소장은 대전 전투에서 패하고 영동으로 후퇴하다 어둠 속에서 부하에게 물을 떠다 주려다 낭떠러지에서 떨어져 실신하며 실종되고 말았다. 딘 소장은 1개월간 산속을 헤매다가 1950년 8월 중순경 전북 진안군에서 도움을 청한 주민의 밀고로 북한군에게 포로로 잡히고 말았다. 딘 소장은 1953년 9월 4일 포로 교환으로 돌아왔다.
사진/NARA

6·25 개전 초기 금강지역 전장에서 작전회의를 벌이는 미군 수뇌부들. 왼쪽은 워커 미 8군단장(중장), 가운데는 윌리엄 딘 제24단장, 오른쪽은 콜린스 육군참모총장. 사진/조선일보

1950년 7월 초, 충북 진천지구의 방어전에서 국군 수도사단장 김석원 준장이 제1군단장 김홍일(왼쪽) 소장에게 전황을 보고하고 있다. 사진/조선일보

1950년 7월 16일 대전역 전경. 검은 연기가 피어오르고 군인과 경찰이 분주하게 오가고 있다. 사진/NARA

낙동강 전선에서 수도사단의 백인엽 사단장(대령)이 부상당해 깁스한 상태로 정일권 참모총장, 그리고 미군 장성과 작전을 숙의하고 있다.
사진/조선일보

'인민 재판'이란 이름으로 무수한 애국시민을 학살한 공산당의 길거리 재판소. 공산당 치하에서 '인민 재판'은 무고한 주민을 학살하는 수단이었다. 사진/조선일보

북한군은 북으로 퇴각하며 수많은 남한의 지식인, 학자, 공무원, 종교인들을 죽이거나 강제로 납치해 갔다.
사진/조선일보

독립문

1·4 후퇴 직후 서울을 다시 점령한 북한군이 독립문에 인공기를 붙이고 있다.
사진/조선일보

북한군이 서울을 점령한 후 전차에는 인공기와 김일성을 떠받드는 구호가 나붙었다.
사진/조선일보

1950년 7월 부산 피란 시절 전황을 듣는 대한민국 각료들. 앞줄 왼쪽부터 이승만 대통령, 신익희 국회의장, 장면 국무총리, 무초 주한미국 대사, 뒷줄 맨 왼쪽은 허정 무임소장관, 맨 오른쪽 창가 옆은 윤영선 농림부 장관.
사진/Wikipedia

1950년 12월 18일 대구역 앞에서 앳된 국군 신병들이 전선으로 떠나기 전의 비장한 모습. 사진/NARA

전선으로 이동하기 전, 군 장병들이 검열을 받고 있다. 사진/NARA

6·25 전쟁이 한창이던 1950년 9월 15일, 고무신을 신은 신병들이 훈련소에서 목총을 들고 사격 연습을 하고 있다. 사진/NARA

1950년 7월 24일, 대구 RTO(철도운송사무소)의 철도차량에
전방 전투 현장으로 갈 철조망들이 가득 실려있다. 사진/NARA

미국은 6·25 전쟁이 발발하자 일본에서 최신형 전차들을 전장에 투입하기
시작했다. 1950년 8월 12일 부산항에 하역되는 45톤의 M-46 퍼싱 전차.
퍼싱에서 패튼으로 변경된 시기는 M-26이 M-46으로 업그레이드된
시점부터다. 사진/NARA

1950년 7월 14일 참모들과 함께 작전을 협의하고 있는 '전차전의 명수' 미 8군 사령관 월턴 워커 중장. 그의 '전차전의 스승' 조지 패튼 미 제3군사령관이 1945년 12월 독일 아우토반을 달리다 만하임 근처에서 교통사고로 사망한 것과 같이 교통사고로 사망했다.
사진/조선일보

1951년 2월경, 제1사단장 시절의 백선엽 준장.
사진/백선엽

1218군사령관 워커 장군은 1950년 8월 3일 주민 소개령을 내리고
“8월 4일까지 낙동강의 모든 교량을 폭파하라”고 명령했다.
미 제1기병사단은 8월 3일 오후 8시경 왜관교를 폭파했다. 사진/조선일보

낙동강 유역에 모인 수많은 피란민들이 강 하구의 얕은 곳을 건너 국군 주둔 지역으로 몰려오고 있다. 북한군은 이 피란민을 앞세워 편의대(便衣隊)로 위장한 채 공격을 가해왔다. 사진/조선일보

1950년 가을, 미 제24사단 장병들이 퇴각하는 북한군을 따라 낙동강에 부교를 설치한 뒤 도하작전을 펼치고 있다. 사진/NARA

1950년 9월, 미 제1기병사단 관측장교가 왜관 북쪽 북한군이 점령한 518고지를 내려다보고 있다. 다부동 전투의 주요 전장 중 하나였던 518고지. 칠곡 서북방의 유학산과 수암산, 가산 등은 모두 칠곡 북방을 내려다볼 수 있는 감제고지이자, 칠곡 서쪽의 낙동강과 함께 북한군의 공격을 차단할 수 있는 천혜의 요새였다. 사진/Wikipedia

수암산 정상에서 적정을 살피는 제1사단 제12연대장 박기병 대령(오른쪽)과 2대대장 조성래 소령이 수암산에서 적정을 살피고 있다. 사진/NARA

북한군 노획문서. 원본에는 '원쑤를 최종적으로 섬멸하기 위하여 결정적 공격을 앞두고 작전을 계획하는 ○○부대 장교들'이라고 사진설명이 적혀 있다. 사진/NARA

1950년 8월 18일 미군 장교와 국군 장교가 교량을 효과적으로 폭파하기 위해 머리를 맞대고 있다. 사진/NARA

1950년 8월 20일 전선에 한 팀으로 배치된 미군과 국군 카투사. 맥아더 원수는 병력 긴급수혈을 위해 현지 작전을 도울 카투사(KATUSA) 제도를 1950년 8월에 도입했다. 처음 징집된 카투사 313명은 일본 후지산 인근 고덴바의 미 7사단 임시훈련소에서 영어교육, 제식훈련 등 기초 훈련만 받고 한국전선에 투입됐다. 총 2만3000명의 카투사가 일본에서 교육받았다. 사진/NARA

1950년 8월 22일, 국군 제1사단 소속 병사들이
어느 폐가 입구에 대전차 지뢰를 묻고 있다.
사진/조선일보

전선으로 떠나는 신병 아들을 전송하는 어머니의 모습. 한 바가지의
물로 아들의 무사귀환을 기원하는 어머니의 표정과 이를 바라보는
아들의 눈길이 애틋함을 자아낸다. 1950년 12월 19일, 대구역 앞
풍경이다. 사진/NARA

1950년 8월 26일 국군 제1사단 포병이 아군의 진격을 지원하기 위해 105밀리 곡사포를 쏘고 있다. 사진/NARA

1950년 8월에서 9월까지 낙동강 방어전이 벌어졌던 경북 왜관 부근에서 미 제1기병사단 17포병대가 최대 구경인 8인치 곡사포로 북한 전차를 향해 포를 발사하고 있다. 사진/조선일보

탄약 운반에 동원된 한국인 노무자들. 이들은 차가 다닐 수 없는 고지는 물론 최전방 전선까지 탄약과 물자를 공급하는데 큰 역할을 했다. 1951년 2월 지게꾼들이 지프와 트레일러를 타고 군 장병들과 함께 전선으로 향하고 있다. 사진/조선일보

일본 오키나와와 가데나 공군기지에서 출격한 미 제92폭격단 소속 B-29 스트래토포트리스 폭격기들이 1950년 8월 왜관 일대에 융단폭격을 가하는 모습. 백선엽 제1사단장은 "후일 포로 심문 결과, 적군의 사기는 융단폭격을 계기로 결정적으로 꺾였다는 진술을 들었다"고 했다. 사진/Wikipedia

1950년 8월 17일 마이켈리스 대령의 제27연대 소속 M-26 퍼싱전차가 칠곡군 농지에 매복해 있다가 남하하는 북한군 T-34/85 전차에 사격을 가해 격파시켰다. 사진/LIFE

낙동강 근처에서 유엔군의 공습으로 파괴된 북한군 전차와 트럭. 1950년 9월 2일. 사진/NARA

'라이프' 지에 실린 존 마이켈리스 미 제25사단 제27연대장. 마가렛 히긴스 기자는 웨스트포인트를 졸업한 아이젠하워의 보좌관 출신 마이켈리스를 주목하고 한국 전선에 종군했다. 마이켈리스는 노르망디 상륙작전시 테일러 장군의 제101공수단장의 대대장으로 참전했다 부상당해 지휘관으로서 전투경력이 부족했다. 그는 지휘관 경력을 쌓기 위해 6·25 전쟁에 자원해 제25사단 제27연대장으로 전공을 세웠다. 마이켈리스는 나중에 웨스트포인트 생도대장을 거쳐, 대장으로 승진해 1970년대 초반까지 미 8군 사령관을 지냈다. 사진/LIFE

1950년 8월 국군 제1사단과 함께 다부동 전선에서 북한군의 강력한 공세를 막아냈다. 그의 뒤로 보이는 곳이 계곡물을 흘려 보내는 수로에 만든 당시 제27연대의 '하수구 CP'다. 샌드백 위로 교량이 보이고, 연대장의 지프가 서 있다. 사진/LIFE

마이켈리스의 제27연대 전차(가운데)가 '볼링앨리' 전투에서 북한군 전차들을 격파하고
이동하고 있다. 북한군 전차에 27연대가 격파했다는 흰색 페인트 글씨가 보인다.
사진/LIFE

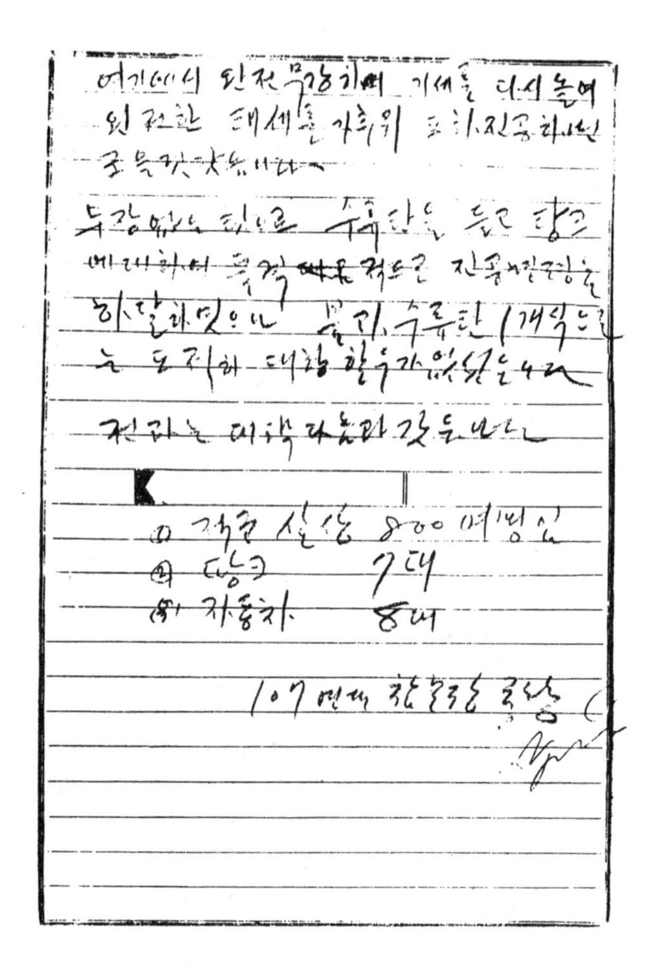

국군과 미군의 강력한 저항과 반격으로 포탄이 고갈되고 지원이 끊겨 '해산 상태'의 급박한 위기에 처했음을
알리고 있는 북한군 전투상황 보고서. 1950년 10월 1일. 사진/조선일보

1950년 9월, 낙동강 전선에서 미군들이 소련제 대전차포, 기관총과 다른 무기들을 살펴보고 있다. 소련이 북한 침략자들을 도왔다는 결정적 증거다. 사진/NARA

1950년 9월 17일 미 제1해병사단 병사들이 경남 창녕군 오봉리 도로옆에 은신해 있던 북한군 여럿을 기관총으로 사살했다. 북한군들 시신 앞에 M26 퍼싱 전차가 멈춰서 있다. 사진/NARA

1950년 8월 19일 두 명의 국군 장교가 20인치 바주카포로 북한군 전차를 파괴한 후 전차 포탄을 들고 웃고 있다.
사진/NARA

1950년 가을, 서울에서 목격된 전쟁의 딱한 참상. 한 여인이 총상을 입고 쓰러진 남편을 부둥켜안고 울먹이고 있다. 그 옆에서 시아버지가 치료를 받지 못한 채 죽어가는 아들을 말없이 지켜보고 있다.
사진/NARA

1950년 8월 25일 북한군이 퇴각하는 와중에 유엔군과 북한군의 십자포화에 희생돼 들길에 나뒹굴고 있는 피란민 시신들.
사진/NARA

총탄에 구멍 난 헬멧을 보고 있는 미군.
1950년 8월 25일.
사진/NARA

부상당한 미군 병사가 전투현장에서 위생병에게 응급처치를 받고 있다.
1950년 7월 25일.
사진/NARA

1950년 9월 26일, 부상당한 미군 병사가 병원으로
이송전 현장에서 긴급 수혈을 받고 있다.
사진/NARA

경북 영천의 매산동에서 철모를 뚫은 총탄에 의해 전사한 병사의 시신. 백선엽 장군은 다부동 전투를 치르면서 매일 주저앉아 울고 싶을 정도의 인원 손실을 입었다고 회고했다. 백 장군은 "살아 남은 자의 훈장은 전사자의 희생 앞에서 빛을 잃는다"는 말을 남겼다. 1950년 9월 2일. 사진/NARA

1950년 9월경, 미 해군 위생병이 부상당한 어린이를 응급처치하고 있다.
사진/NARA

북한군에게 잔혹하게 살해당한 미 제1기병사단 소속 제5기병연대 병사들을 조사하기 위해 대구 조사본부 앞에 일렬로 눕혀놓았다.
사진/NARA

1950년 낙동강에서 전선이 펼쳐질 무렵, 경기도 광주의 무갑산 근처 학동리 전투 중 부상 당해 패닉에 빠진 한 미군 병사를 동료가 위로하는 모습.
사진/ Al Chang, AP

다부동 전투에서 생포한 북한군 소년병을 노상에서 심문 중인 백선엽 제1사단장. 다부동 전투에서 적의 전투서열을 파악하기 위해서다. 사진/백선엽

백선엽 제1사단장이 1950년 8월 사단사령부에서 북한군 포로 1명을 직접 조사하고 있다. 사진/조선일보

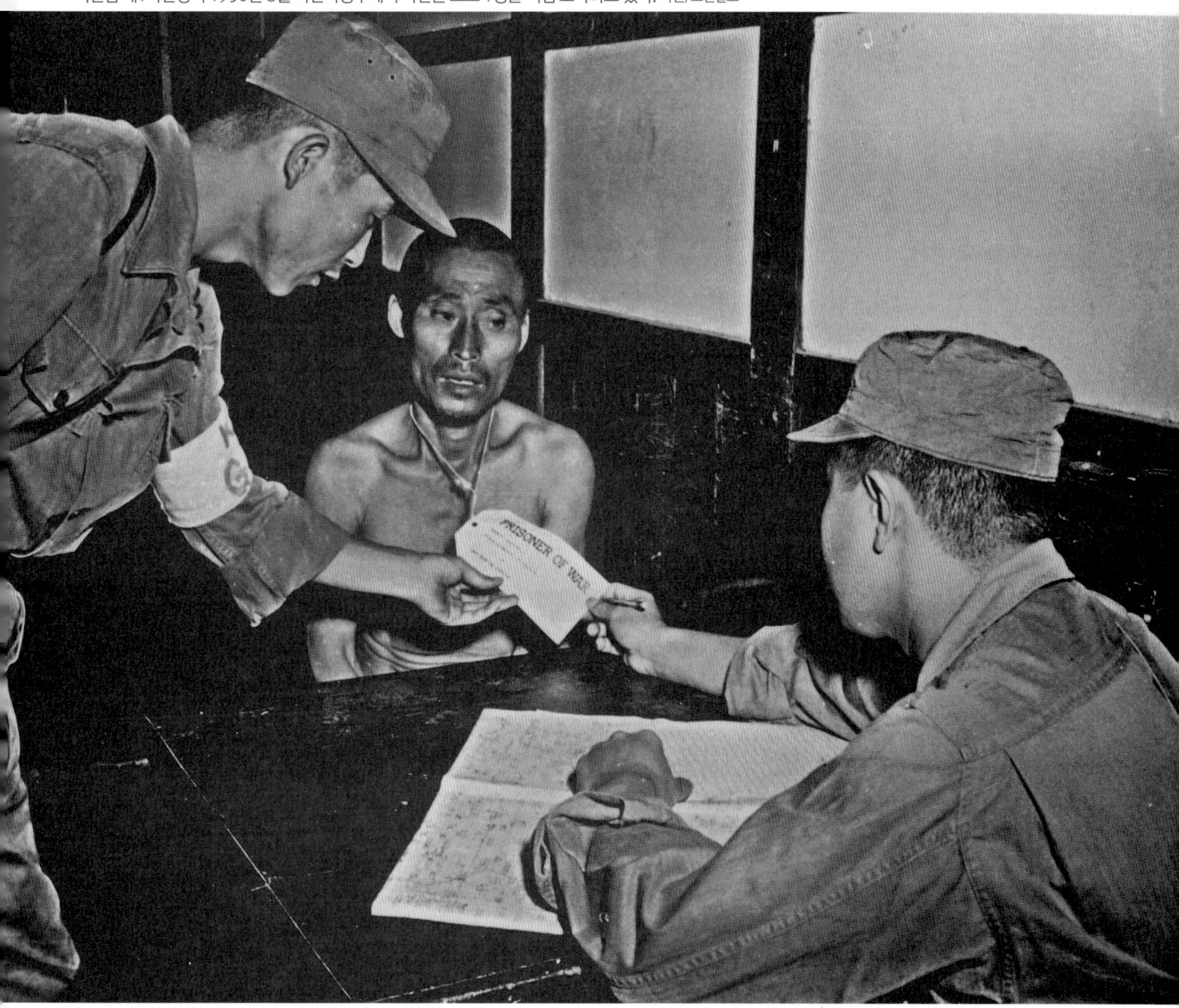

1950년 8월, 다부동전투에서 미 제27연대 지휘소를 방문한 유재흥 2군단장(오른쪽 두 번째). 옆에 철모를 쓴 이는 프리먼 연대장(NATO 사령관 역임), 뒤편에 영국군 모자를 쓴 이는 윈스턴 처칠 수상의 아들 랜돌프 처칠 데일리 텔리그래프지 기자. 사진/조선일보

1950년 9월 21일 북한군 제13사단 참모장 이학구 총좌가 미 제1기병사단에 투항해 지프에 올라있다. 귀순자 중 최고급 장교였던 이학구는 후일 귀순자로 취급하지 않고 거제도 포로수용소로 수용되는 바람에 폭동을 주도해 적군에 가담하는 것보다 유엔군에 더 큰 피해를 입혔다. 사진/Wikipedia

1950년 8월, 다부동 지역에서 국군 병사들이 길가에 누워 휴식을 취하고 있다. 사진/NARA

1950년 8월 19일, 낙동강이 내려다보이는 위치에서 휴식을 취하고 있는 미 해병대원들. 사진/Wikipedia

전투가 소강상태일 때 미군 무전병이 《Stars and Stripes(성조지)》를 보며 레이션을 먹고 있다. 사진/NARA

1950년 8월 10일, 국군 병사들이
전우들에게 나눠줄 주먹밥을 만들고 있다.
사진/NARA

무기를 정비하고 있는 국군 병사들.
1950년 8월 29일.
사진/NARA

다부동 전투 때 제1사단사령부.
백선엽 장군이 과음과 주벽으로 평양 진격 직전에 교체한
미군 수석고문관 로크웰 중령의 이름도 보인다. 사진/백선엽

미 해병대 병사들이 노획한 북한군 무기를 살펴보고 있다.
1950년 8월 22일. 사진/NARA

미국성경협회(The American Bible Society)가 6·25전쟁에 참전한 유엔군 장병들을 위해 9개 국어로 번역한 성경을 제공했다.
사진/NARA

1950년 8월 23일 백선엽 제1사단장(오른쪽)이 사령부를 방문한 콜린스 미 육군참모총장(가운데)과 워커 미 8군사령관(왼쪽 끝)에게 전황을 설명하고 있다. 사진/백선엽

국군 제1사단 장교들과 헤닉 대령을 비롯한 미 포병부대 장교들이 다부동 전투가 끝난 후 민가에 모여 이야기를 나누고 있다.
사진/백선엽

다부동 전투 승리 후 참모장 석주암 대령, 미 제1군단 예하 제10고사포군단의 포병사령관 윌리엄 헤닉 대령과 함께한 백선엽 제1사단장. 헤닉 대령은 "보병이 모든 계획을 세우고 포병과 기타 병과는 보병을 철저히 지원해야 한다"는 것을 원칙으로 삼는 겸손하고 노련한 장교였다. 1950년 9월 촬영.
사진/백선엽

다부동 전투 시 마이크 도노번 사단 군사고문관(소령)과 함께 작전계획을 토의하고 있는 제1사단장 백선엽 장군. 1950년 9월 촬영.
사진/백선엽

다부동 전투를 끝내고 대구 동촌비행장에서 인천상륙작전 소식을 듣고 여유를 취하고 있는 제1사단장 백선엽 장군. 종군기자 마가렛 히긴스가 "팔짱을 끼는 것이 좋겠다"면서 촬영해 준 사진이다. 1950년 9월 16일 촬영. 사진/백선엽

1950년 8월 23일, 다부동 전투가 최고조에 이르고 있을 무렵. 미 육군참모총장 콜린스 대장, 미 8군사령관 워커 중장(후방)이 동명초등학교에 임시 주둔한 제1사단 사령부를 방문했다. 백선엽 장군은 무아지경에서 하루하루 최선을 다해 전투했을 따름인데, 한미 지휘부가 몰려와 전황을 점검하고 격려하는 것을 보고 이 전선의 막중함을 깨달았다고 했다.
사진/백선엽

1950년 8월 18일 파렐 미 군사고문단장이 워커 8군사령관(지프에 앉은 이)을 방문해 전황을 협의하고 있다.
지프 주위에 한국과 미군 장성들이 보인다.
사진/NARA

1950년 8월 23일 백선엽 제1사단장이 다부동 동명초등학교에 자리잡은 제1사단사령부를 방문한 신성모 국방부장관을 영접하고 있다.
사진/백선엽

신성모 국방부장관에게 다부동 전황을 보고하는 제1사단장 백선엽 장군.
1950년 8월 23일. 사진/백선엽

다부동에서 신성모 국방부장관을 안내하는 제1사단장 백선엽 장군.
1950년 8월 23일. 사진/백선엽

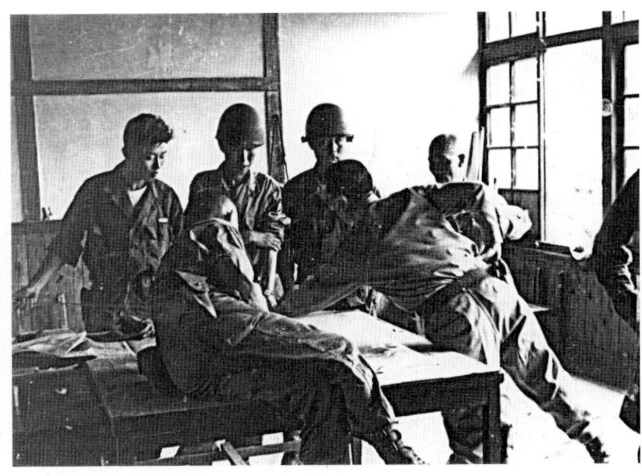

1950년 8월 23일 신성모 국방부장관이 지켜보는 백선엽 제1사단장이
작전 관계관들과 다부동 전투를 토의하고 있다. 사진/백선엽

전선으로 이동하는 미군 병사들. 1950년 8월 18일. 사진/NARA

다부동 전투가 끝난 후 다부동 주민들이 백선엽 제1사단장을 위해 세운 '다부동 호국구민비'. 백선엽 장군이 군단장 시절 방문한 사진이다. 오른쪽은 석주암 준장.
사진/백선엽

1950년 9월 15일 전함들의 함포사격이 끝나자 인천항 월미도의 보급기지인 '블루비치'를 향해 돌진하는 미 제1해병사단 함정들.
사진/NARA

인천에 상륙하기 직전 미 수송선 피카웨이호 함교에서 상륙 명령을 기다리는 손원일 제독.
사진/조선일보

마침내 9월 15일 오전 5시 20분 '크로마이트 작전'이라고 명명된 인천상륙작전이 시작됐다. 미 제1해병사단 병사들이 수송선에서 내려 육지로 상륙하고 있다. 인천상륙작전의 성공은 북한군의 사기와 병력체계에 결정적 타격을 입혔다.
사진/Wikipedia

상륙 당일 미 제10군단 지휘부를 이끌고 상륙함 마운트 맥킨리 선상에서 작전을 지휘하는 유엔군총사령관 더글러스 맥아더 원수. 맥아더의 집요한 요청이 없었더라면 트루먼 대통령이 인천상륙작전은 허가하지 않았을 것이다. 사진/ U.S. Dept. of Defense

1950년 9월 15일, 인천상륙작전 당시 '레드 비치' 해안에 상륙 중인 미 해병 제5연대 대원들.
가장 앞장서 옹벽을 올라간 메로 로페즈 중위는 소대원들을 보호하기 위해 수류탄을 몸으로 막으면서 전사했다.
사진/Naval Historical Center

경북 안동의 한 도로에서 호주 공군의 P-51 무스탕 전폭기의 네이팜탄 폭격으로 인해 북한군 전차병이 T-34 전차 밖으로 나와 시커멓게 그슬려 죽은 모습. 1950년 8월 13일. 사진/조선일보

1950년 9월 15일 인천상륙작전에 성공한 유엔군이 다음날
인천 시내로 진입하기 위한 전열을 가다듬고 있다. 사진/Wikipedia

월미도 교두보를 확보한 미 해병대 용사들이
바주카포와 기관총으로 무장하고 북한군의
반격에 대비하고 있다. 사진/NARA

1950년 9월 16일 상륙 작전 이튿날,
유엔군과 북한군의 교전 와중에 인천
시가지가 불타고 있다. 사진/NARA

인천상륙 후 포로로 잡힌 북한군들.
수용소 입소 전 인적사항이 적힌 표식을
목에 걸고 있다.
사진/NARA

인천상륙작전에서 북한군 병사들이
투항하고 있다. 사진/NARA

1950년 9월경, 맥아더 유엔군 총사령관(중앙)이 포로수용소를 시찰하고 있다. 사진/NARA

국군 위생병이 부상당한 여인을 치료하고 있다.
그 와중에도 여인은 갓난아이에게 젖을 물리고 있다.
사진/NARA

인천해안에 상륙한 미 해병대 병사들이 북한군을 포로로 잡고 있다. 왼쪽에 월미도 제방길과 멀리 응봉산의 모습이 보인다.
사진/ 인천상륙작전기념관

소탕전을 벌이며 인천시내에 돌입한 국군을 시민들이 태극기를 흔들며 환영하고 있다. 사진/조선일보

전쟁의 참화 속에 죽은 엄마의 시신 앞에서 울부짖고 있는 어린 남매. 엄마는 아기를 안고 있다 유탄에 맞은 것으로 보인다.
사진/NARA

인천기계공업주식회사 대문 앞에서 부모를 잃은 아이가 주저앉아 울고 있다. 사진/NARA

미 해병대 제1사단과 국군 해병대에 의해 수복된 인천으로 복귀하는 피난민들. 1950년 9월 16일. 사진/NARA

예배드리는 미군 군목과 병사들. 1950년 8월 15일. 사진/NARA

1950년 8월 12일, 전투에 지친 미군 병사들이 고향편지를 받고 있다. 편지를 분류하는 병사에게 '나에게 온 편지가 있을까'라는 듯 병사들의 시선이 집중되고 있다. 사진/NARA

낙동강 전투에서 부상당한 국군을 업어 이송시키고 있는 미군. 사진/NARA

인천상륙작전 이후 서울로 진입한 유엔군이 지금의 한남대교 부근 한강변을 따라 북진하고 있다. 전쟁의 와중에도 평화롭게 흐르는 한강의 모습이 무정하다. 사진/조선일보

적국 수도 평양 선점은 한미 양국군 모두에게 한치도 양보할 수 없는 사안이었다. 10월 1일 국군 제1군단이 38도선을 돌파한 이래 연합군은 파죽지세로 북진을 계속했다. 프랭크 밀번 미 제1군단장은 당초 미 제1기병사단, 미 제24사단을 평양 공격의 전면에 세우고 국군 제1사단은 개성, 연안, 해주를 거쳐 안악 방면으로 공격해 후방을 소탕하는 임무를 맡겼다.

백선엽 장군은 아무리 미군이 작전 명령권을 행사한다고 해도 적의 수도를 공격하는데 국군이 참여하지 못하는 것은 무의미한 작전이라고 생각했다. 백 장군은 군단장 밀번 소장을 만나 제1사단 장병들은 주야로 행군할 투지가 있고, 평양은 자신의 고향이라 지리를 잘 안다면서 간곡하게 재고를 요청했다. 결국 백선엽의 요청에 밀번은 처치 장군의 미 제24사단과 백 장군의 제1사단의 전투구역을 교대해 주었다. 마침내 제1사단은 평양 선봉사단의 기회를 잡았다.

평양탈환이 임박할 무렵인 10월 17일 이승만 대통령은 총참모장 정일권 소장에게 평양만은 국군이 선점하도록 하라고 지시했다. 대통령의 지시를 받은 정일권 총장은 10월 17일 국군 제2군단을 방문해 대통령의 뜻을 전달했고, 이에 따라 국군 제2군단 예하 제7사단이 평양 탈환작전에 참가하게 됐다.

한편, 북한군은 평양방위사령부를 설치하고 국군과 유엔군의 진격을 방어하려 했다. 평양방위사령부의 규모는 북한군 제17사단과 제32사단 소속의 잔류병 약 8000명 정도였다. 평양탈환작전은 10월 18일에 포위망을 압축한 미 제1기병사단, 국군 제1사단, 그리고 국군 제2군단이 전개했다. 즉 평양의 포위망은 남쪽·동남쪽·동쪽의 삼면에서 펼쳐졌다.

백선엽 장군은 패튼 장군의 '패튼 전법'을 구사해, 전차를 지원받아 탄약 운반차를 이용해 보병과 포병을 교차 수송하는 소위 '셔틀 전진'을 구사했다. 밀번 군단장은 백선엽 장군에게 제6전차대대의 M-46 패튼전차 20여대를 지원해 평양 진격에

나서도록 했다. 백선엽 장군의 국군 제1사단과 게이 소장의 미 제1기병사단 선봉부대가 동평양의 선교리 일대에서 상호 연결해 진격하고 있을 때, 백 장군은 예하 제15연대를 율리에서 분진시켰다. 평양 지리에 밝은 백 장군이 한 개 연대를 빼내 대동강 상류에서 강을 건너 본평양을 협격하기 위해서였다.

10월 18일 저녁 무렵 제1사단 제12연대는 주공으로 전차와 협동해 대동교로 향하고, 제11연대는 미림비행장과 평양비행장을 거쳐 능라도 상류의 주암산 쪽으로 대동강을 건너기로 결정했다. 이튿날 날이 밝자 정찰기가 국군 제1사단과 미 제1기병사단의 상공을 오가며 쌍방의 위치를 알려주었다. 백선엽은 회고록《군과 나》에서 4개 포병대대 100여문의 포와 60여대의 전차 지원 아래 2개 보병연대가 횡대로 전개해 진격하는 순간은 평생 잊을 수 없었다고 했다. 제11, 12연대가 동평양에, 그리고 제15연대가 본평양을 점령함으로써 제1사단에 부여된 세 가지의 주요 임무인 동평양탈환, 동평양의 2개 비행장 확보, 본평양의 배후 돌파 임무 등을 성공적으로 완수했다. 국군 제1사단은 10월 20일 오전 10시를 기해 평양 수복을 알리는 힘찬 교회 종소리와 함께 평양시를 완전 장악했고, 제1사단에 뒤이어 미 제1기병사단도 대동강을 도하했다. 평양수복은 평양시민들의 종교해방까지 덤으로 선물한 셈이 됐다.

결국 북한의 수도인 평양의 탈환을 목표로 전개한 평양탈환작전은 10월 9일 38도선을 돌파한 이래 만 11일 만에 국군 제1사단의 제11연대와 제12연대, 그리고 미 제1기병사단의 제5기병연대가 동평양을, 국군 제1사단 제15연대와 국군 제7사단 제8연대가 본평양을 각각 점령함으로써 작전을 마무리했다.

1950년 9월 21일 미 제2보병사단의 탱크부대가 낙동강을 건너 북진하고 있다.
사진/NARA

1951년 1월 미 제3보병사단 제65연대 전투부대가 흥남에서 퇴각해 10일간 휴식을 취한 후 다시 전투를 위해 낙동강 왜관교를 건너고 있다. 사진/NARA

1950년 가을, 서울 근교에서 농부들이 벼를 베며 수확에 열중하고 있다.
백선엽 장군은 자서전 《군과 나》에서 "황금 물결이 출렁이는 들판을 바라보며 우리의 반격이 조금만 늦었으면 이 식량이 적의 수중에 들어가게 됐을 것"이라고 했다. 사진/NARA

1950년 가을, 서울 근교에서 농부의 아내가 볍씨를 바람에 날려 검부러기들과 분리하고 있다. 사진/NARA

1950년 가을, 서울 근교에서 농부들이 벼에 도리깨질을 하며 털고 있다. 사진/NARA

1950년 9월 26일, 미 제7사단이 수원 인근에서 북한군이 숨어있는 가옥에 총격을 가하고 있다. 사진/NARA

1950년 9월 28일 서울을 향해 진격하는 국군. 사진/조선일보

1950년 10월 미군이 북한군에게 노획한 85mm 대공포. 사진/NARA

경기 수원 근방에서 다리를 통과하려는 북한군 전차가 유엔군 전투기의 폭격에 걸려들어 파괴됐다. 1950년 10월 7일. 사진/Wikipedia

1950년 10월 미군과 국군이 평양을 향해 진군하고 있다. 사진/NARA

주민들의 환호를 받으며 미군 전차가 북진하고 있다. 사진/NARA

포격으로 끊어진 한강 인도교(왼쪽)와 한강철교(오른쪽).
사진/NARA

1952년 8월 19일 서울 태평로 2가 주민들이 전쟁으로 폐허가 된 건물들의 잔해를 치우고 있다. 사진/NARA

서울 강남 신사동 부근 한강 백사장에 줄지어 늘어선 유엔군 전차들. 서울 진입을 목전에 두고 있다. 사진/조선일보

1950년 9월, 서울에서 유엔군이 북한군이 쌓아놓은 바리케이드에서 적진을 향해 사격하고 있다. 왼쪽 건물에는 소련 지도자 스탈린과 북한 김일성의 초상화가 걸려 있다.
사진/ Max Desfor, AP

서울에서 유엔군 전차가 적진을 향해 사격하고 있다. 현재 전투가 벌어지고 있는 양 생생하다. 사진/ LIFE

서울 도심으로 진입하기 위해 장충동 일대에서 진지를 구축하고 시가전에 대비하고 있는 유엔군.
사진/조선일보

1950년 9월 서울 시내에서 시가전을 벌어고 있는 유엔군 병사들. 사진/NARA

1950년 10월 19일 서울 용산과 노량진을 연결하는 임시 철교가 개통됐다. 북한군의 남하를 막기 위해 한강철교가 폭파된 지 넉달 만이다. 사진은 개통 직후 첫 열차가 한강을 가로질러 운행하는 모습. 사진/조선일보

1950년 10월 서울에서 시가전이 펼쳐지고 있다.
사진/조선일보

성공을 거둔 인천상륙작전 후 국군은 서울탈환을 위한 진격을 계속했다. 미군 병사들이 서울 진격에서 부상당한 아군을 돌보고 있다.
사진/조선일보

미군 병사들이 서울 신당동에서 두 명의 북한군 소년병을 잡아 심문하고 있다. 1950년 9월 18일. 사진/NARA

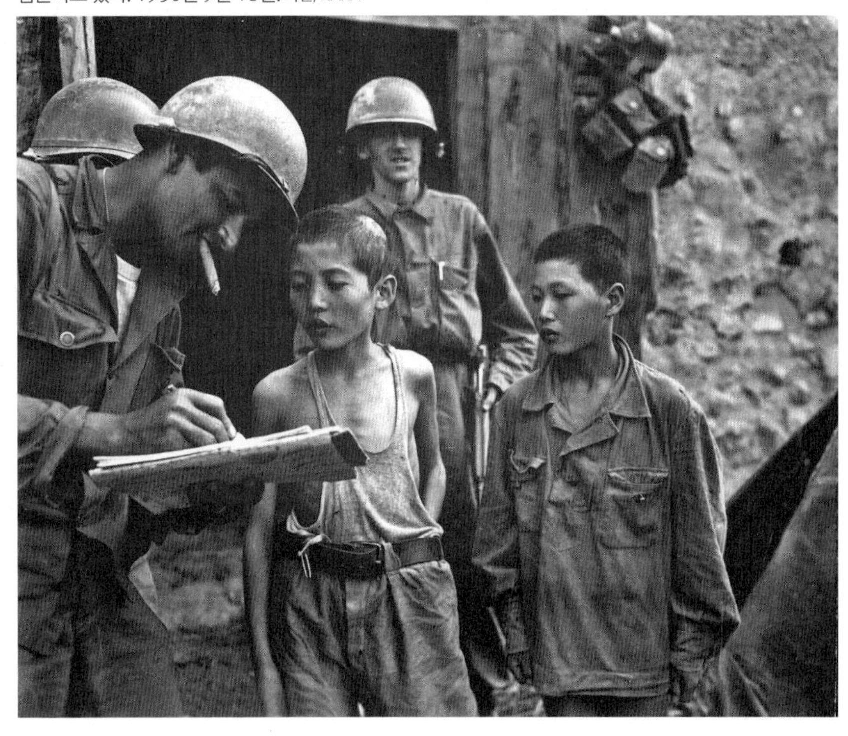

미군 정보 요원들이 통역을 동원해 북한군 포로를 심문하는 장면. 1950년 10월 6일. 사진/NARA

1950년 9월 유엔군이 인천 시가지 전투 중
북한군 부역 혐의자를 잡아들이고 있다. 사진/NARA

'감사합니다 미 해병대(THANKS U.S. MARINE CORPS)'라고 쓴 피킷 아래 서울 거리를 행진하는 남한 시민들.
1950년 10월 27일. 사진/NARA

1950년 9월 28일 서울 탈환 작전에서 선봉에 섰던 해병 제2대대 6중대 1소대 박정모 소위와 최국방 수병이 다시 찾은 당시 중앙청 광장에서 태극기를 올리고 있다. 사진/국가기록원

서울 수복 직후 중앙청에서 유엔기를 게양하고 있는 미군들. 사진/서울역사박물관

1950년 9월 29일 중앙청 홀에서 열린 서울 수복 기념식에서
맥아더 유엔군사령관이 이승만 대통령 내외를 바라보며 미소 짓고 있다.
사진/조선일보

폐허가 된 동서울의 고향 집터를 배회하는 피난민들.
1950년 9월 28일. 사진/NARA

서울 수복된 이후 북한군이 서울을 점령한 지난 3개월 동안 도피생활을
한 국회의원 유원홍이 미 해병대원과 시민들에게 자신의 체험담을 말하는 모습.
사진/NARA

어린아이를 업은 한 여인이 서울 수복 이후
포탄 공격으로 부서진 부엌 살림을 살펴보며
슬픔에 잠겨있다. 사진/NARA

1950년 11월 9일. 미 보병 2사단이 발견한 한국 화폐 원판을 한 미군이
들고 있다. 뒤에는 지폐다발이 보인다. 사진에 뒷면의 설명에는
이 원판과 지폐가 진본인지 위조된 것인지에 관한 내용은 나와 있지 않다.
사진/NARA

고랑포에서 임진강 다리를 건너며 북진하는
제1사단 차량 행렬. 1950년 10월 7일 촬영.
사진/백선엽

1950년 10월 4일 미 해병 제1사단의 기계화 부대가 평양 진격 명령을 기다리고 있다. 사진/NARA

1950년 10월 1일 38선을 돌파하며 제1군단장 김백일 준장이 말뚝에 '아아, 감격의 38선 돌파'라는 문구를 새겨넣고 있다. 이승만 대통령은 맥아더 원수가 38선 돌파를 망설이자 정일권 참모총장에게 '38선 돌파에 관한 지령'을 내린 바 있다.
정 총장은 김 군단장과 함께 9월 30일 제3사단 제23연대를 찾아 북진 명령을 내렸다. 사진/조선일보

1950년 10월 1일 38선을 돌파하고 강원도 양양에서 기념촬영을 한 제23연대 장병들의 모습. 사진/조선일보

1950년 10월 26일 원산으로 돌진하는 상륙정들의 모습.
사진/NARA

1950년 10월 28일 서울의 폐허속에 문을 연 구두수선점.
피난에서 돌아온 구두수선공이 이전에 자신의 가게였던 자리에 다시 문을 열고 군화를 수선하러 온 국군장병을 첫 손님으로 맞았다.
사진/NARA

Photo # 80-G-423625 South Korean minesweeper hits a mine off Wonsan, October 1950

1950년 10월 18일 동해 원산만에서 국군 소속 소해정(기뢰탐지함) YMS-516함이 북한군 기뢰에 닿아 폭발하고 있다.
사진/NARA

원산 비행장을 가로지르는 북한군 포로들의 행렬.
원산이 국군에게 함락된 직후인 1950년 10월 16일에
촬영된 이 사진은 미 7함대 소속 미주리 전함에서 발진한
헬리콥터에서 촬영한 것이다.
사진/NARA

평양을 목전에 두고 탈환 작전의 최종 검토를 하는 백선엽 준장과 미 제1기병사단장 게이 소장. 게이 소장은 제2차 세계대전 중 미 제3군사령관 조지 패튼 중장의 참모장이었고, 전후 1945년 12월 패튼 장군이 아우토반에서 사망할 당시 승용차에 동승했던 사람이다.
사진/조선일보

서울에서 고랑포를 통과해 북진하는 제1사단 장병들. 1950년 10월 8일.
사진/백선엽

1950년 10월, 38선을 넘는 미군 고사포 대대. 사진/ 한동목, 육군

미군들은 38선을 향해 길을 떠나고 있고, 경북 왜관 주민들은 고향으로 돌아오고 있다. 1950년 10월 5일. 사진/NARA

1950년 10월 8일 제1사단 장병들이 행군대형으로 북진하고 있다. 사진/백선엽

제1사단 장병들이 휴식 후 차량을 이동하는 것을 백선엽 장군이 지휘하고 있다. 1950년 10월 8일. 사진/백선엽

북한군들이 고랑포 북쪽 구화리 인민학교에 세운 해방탑.
1950년 10월 12일. 사진/백선엽

고랑포 근처에서 강물을 건너는 장병을 독려하는 백선엽 장군. 1950년 10월 10일.
사진/백선엽

북진 경유지인 고랑포 근처의 임진강.
현재 경기도 파주시 문산읍 장산리 북부에 위치한
임진강의 하중도 초평도(草坪島)가 보인다.
1950년 10월 13일. 사진/백선엽

장단군 고미성 인근에서 북한군이 곳곳에서 투항했으나 '패튼 전법'으로 평양을 향해 진군하는 제1사단 선두부대는 '후속부대가 조치하겠지' 하면서 오직 진격에만 몰두했다. 1950년 10월 13일. 사진/백선엽

북진하는 제1사단 지휘부 지프 차량. 1950년 10월 15일. 사진/백선엽

황해도 신계 부근에서 노획한 적의 대전차포. 1950년 10월 14일. 사진/백선엽

1950년 10월 13일 개성 북쪽 15마일 지점에 부서져 있는 북한군 T-34 전차.
백선엽 장군의 제1사단에 배속된 미군 제6전차대대는 상원에 진입하기 직전, 5대의 북한군 전차와 충돌 직전 상황으로 조우했다. 그러나 제2차 세계대전 역전의 용사답게 미군 전차 소대장의 능숙한 지휘로 맹속 후진해 도로가 하천에 병렬해 일제 사격으로 북한군 전차 5대를 모두 파괴했다. 사진/조선일보

1950년 10월 15일 평안남도 대동군 이도리에 제1사단 헌병검문소를 설치했다. 사진/백선엽

제1사단 차량이 평양 시가로 진입하고 있다.
1950년 10월 20일. 사진/백선엽

진격 도중 민가에는 노인들과 아녀자들이 상당수 남아있었고, 태극기를 흔들며 환영하는 환영하는 모습도 자주 볼 수 있다. 1950년 10월 20일. 사진/백선엽

제1사단 정훈요원들이 평양이 가까운 평안남도 수안군 수안면 하유리에서 주민을 대상으로 한 선무공작을 펼쳤다. 1950년 10월 17일. 사진/백선엽

국군이 북진하면서 마을 빈지에 붙은 스탈린과 중공군, 인민군을 찬양하는 선전용 벽보들이 뜯겨져 나갔다. 사진/백선엽

함경남도 갑산에서 미군들이 자신들을 비하하는 포스터를 바라보고 있다. 1950년 11월 20일, 함경남도 갑산. 사진/NARA

국군을 환영하는 평양 인근 주민들. 사진/백선엽

평양 인근 지역에 거주하는 노인이 국군에게 북한군 치하의 어려움을 털어놓고 있는 듯하다. 1950년 10월 19일. 사진/백선엽

미 공군의 네이팜탄 공습에 몰사한 적군들과 말들의 시체가 산중 가득히 그대로 방치된 처참한 광경이 펼쳐져 있다. 사진/백선엽

제1사단 정훈장교들이 주민들을 위한 방송을 준비하고 있다. 사진/백선엽

정훈 장교가 주민들에게 안내방송을 하고 있다. 사진/백선엽

북한 주민들을 모아놓고 선무공작을 벌이는 정훈 요원. 아이들을 포함해 주민들이 태극기를 손에 들고 있다.
사진/백선엽

건물에 주민들을 모아놓고 군의 작전을 설명하고 있는 제1사단 정훈 장교.
사진/백선엽

제1사단 장교들이 머리를 맞대고 무언가 논의하고 있다.
사진/백선엽

1950년 10월 20일 제1사단 공병장교들이
북진 중 민가에 공병대대 지휘소를
설치했다. 사진/백선엽

도로 양편으로 나란히 북진 중인 제1사단 장병들. 1950년 10월 17일.
사진/백선엽

제1사단과 미 제6전차대대가 나란히 평양을 향해 진격하고 있다. 제1사단의 진격을 괴롭힌 것은 북한군이 무수히 매설한 지뢰였다. 적 지뢰는 목재로 된 박스형이라 지뢰탐지기는 무용지물이었다. 공병만으로 처치가 어려워 보병까지 대검으로 땅바닥을 쑤셔 지뢰를 제거했다. 투항한 포로들의 덕을 톡톡히 보았다. 이들은 지뢰를 매설한 지점을 알고 있었고, 제거 요령도 능숙했다. 포로들이 제1사단 공병을 지휘(?)하는 상황이 연출됐다. 1950년 10월 18일.
사진/백선엽

1950년 10월 19일 국군 제1사단을 지원하는 미 제10고사포군단 소속 제9포병대대가 155mm포를 견인하며 진격하고 있다.
사진/백선엽

1950년 10월 19일, 대동교로 통하는 동평양에 진입할 무렵 석주암 제1사단 참모장의 지프가 지뢰에 걸려 차가 뒤집히는 사고를 당했다. 석 대령은 다리를 크게 다쳐 평양 입성을 눈앞에 두고 후송되는 불운을 당했다. 지프 뒷좌석에 탔던 작전참모 문형태 중령은 다행히 무사했다. 사진/백선엽

1950년 10월 19일 평양 입성 후 프랭크 밀번 제1군단장 밀번(소장)에게 평양 탈환 상황을 설명하고 있는 제1사단장 백선엽 장군. 작전참모 문형태 중령이 뒤에 보인다. 사진/백선엽

제1사단을 지원하는 미 제10고사포단 차량 행렬. 다부동 전투 때 밀번 군단장이 국군 제1사단을 휘하에 들이면서 제1사단을 미군 수준의 화력을 보유한 사단으로 만들어 주었다. 사진/백선엽

1950년 10월 19일 존 그로든 대대장(중령)이 지휘하는 제6전차대대.
M-46 패튼 전차가 평양 공격 명령을 기다리고 있다.
사진/백선엽

평양 탈환의 날, 1950년 10월 19일 동평양 평야지대에서 진군중인 제1 사단 장병들. 백선엽 사단장은 평양이 임박하자 율리에서 조재미 중령의 제15연대를 분진시켜 서북쪽으로 우회해 대동강 상류, 강동 서쪽에서 도하, 평양을 협격하도록 했다. 1개 사단이 한쪽 방향에서 공격하는 것은 후세 전술가들의 조롱거리가 될 것이라 판단했다. 결국 제15연대는 모란봉 김일성대학에 진출했고, 본평양(평양 중심구역)에 선착했다. 사진/백선엽

'모스키토'로 불린 정찰기. 적의 이동 상황을 알려주는 '눈' 역할을 했다. 백선엽 장군이 평양 진격을 할 때, 국군 제1사단과 미 제1기병사단의 상공을 오가며 수시로 쌍방의 위치를 알려줬다. 전투구역 침범은 아군끼리 오인사격을 할 가능성 때문에 작전 중 금기다. 특히 평양 입성을 경쟁할 때, 모스키토는 운동경기의 '심판' 역할을 했다. 사진/NARA

1950년 10월 19일 평양 시내를 정찰하는 제1사단장 백선엽 장군과 제6전차대대장 그로든 중령. 사진/백선엽

전차에 탑승해 진격하는 제1사단 장병들.
1950년 10월 19일. 사진/백선엽

평양 지동리를 돌파하면 눈앞에 평양까지 툭 터진 대평원이 나타난다. 군데군데 낮은 구릉이 흩어져 있고, 밭이 대부분인 평원이다. 산간 험로를 헤쳐 온 전차병들은 "이곳이 진짜 탱크 컨트리"라며 반색했다. 사진은 적을 향해 조준하는 미 제1기병사단 병사. 1950년 10월 19일. 사진/백선엽

북한군은 평양 시가지 요소마다 흙가마니로 바리케이드를 쌓고 총안구(銃眼口)를 통해 사격하며 저항했다. 평양 주민들이 북한군들이 바리케이트로 쌓아놓은 흙가마니를 치워주고 있다. 사진/백선엽

평양을 향해 진격하는 장병들. 1950년 10월 19일.
사진/백선엽

적의 포로를 직접 심문하는 제1사단장 백선엽 장군. 1950년 10월 19일.
사진/백선엽

1950년 10월 19일 백선엽 제1사단장이 대동강 근교 선교리에서 미 공군연락장교인 로버트 메티스(Robert Mathis) 중위(오른쪽)와 미 제1기병 사단 위치를 파악하고 있다. 그는 태천의 한 고지의 제1사단 전방지휘소에서 공군기의 근접지원을 유도하다 중공군의 유탄에 흉부 관통상을 당했다. 백 사단장의 지프로 신안주 이동외과병원(MASH)으로 후송돼 기적적으로 목숨을 건졌다. 훗날 그는 미 공군참모차장(대장)을 역임했다. 사진/백선엽

평양 입성 주공을 담당한 제12연대장 김점곤 대령과 작전참모 박진석 소령이 미 제1기병사단과 합류지점인 대동교 입구 선교리 로터리에 1950년 10월 19일 오전 11시경 진출해 환호하고 있다. 제6전차대대 미군들이 'Welcome 1st Cav. Division- from 1st ROK Division Paik'(환영 제1기병사단-한국군 1사단 백선엽)이라고 짓궂게 피켓을 만들었다. 40분쯤 지나 제1기병사단의 선두와 함께 밀번 군단장과 사단장 게이 소장 그리고 트루먼 대통령의 특사 로(Low) 소장이 함께 로터리에 도착했다. 두 사단의 한미 장병들끼리 서로 얼싸안고 눈물을 흘렸다. 사진/백선엽

평양 시가로 진입하는 국군 제1사단과 미 제1기병사단. 1950년 10월 19일. 사진/백선엽

북한군이 국군과 미군의 평양 입성과 때맞춰 대동교를 폭파하는 바람에 평양을 진입하기 위해 미 공병이 대동강에 부교를 설치하고 있다. 1950년 10월 19일. 사진/백선엽

부교를 이용 평양 시내로 진격하는 장병들. 1950년 10월 19일. 사진/백선엽

동평양에 입성한 미 제1기병사단. 1950년 10월 19일.
사진/백선엽

평양에 선착한 국군 제1사단 장병들. 제1사단 장병들은 걷고 타기를 반복해 가며 불철주야 진군해 태평양 전쟁에서 마닐라와 동경에 1착으로 진주한 역전의 전통에 빛나는 미 제1기병사단과의 경쟁에서 승리했다. 고랑포에서 평양까지의 공격은 하루 평균 25km를 진군한 것이었다. 이 속도는 쾌속진격으로 유명한 제2차 세계대전 때 대소전에서 독일군 기갑부대의 스탈린그라드 침공 때보다 더 빠른 것이었다. 1950년 10월 20일. 사진/백선엽

불에 탄 평양예술극장. 현재는 평양인형극장으로 사용하고 있다. 사진/백선엽

백선엽 사단장이 미 제1기병사단과 합류점인 선교리 로터리에서 찰스 파머 미 제1기병사단 포병사령관(준장)과 만나 반갑게 악수하고 있다. 사진/LIFE

동평양에서 소탕전 상황을 점검하는 백선엽 제1사단장. 이때 백선엽 장군 눈앞에서 적과 싸우던 한 소대장이 건물 2층에서 쏜 북한군 총탄에 쓰러졌다. 소대원들은 즉각 그 건물을 향해 응사하며 돌진했다. 기세에 눌린 적들은 투항하겠다는 뜻으로 손을 들고 건물 입구 쪽에서 머뭇거렸다. 백선엽 장군과 동행한 헤닉 대령은 "투항하는 적에게 사격하는 법이 어디 있느냐"라며 강하게 항의했다. 백 장군은 이 사건을 계기로 "무기를 버리고 투항하는 적에게는 절대 사격하지 말라"는 훈령을 내렸다. 간신히 목숨을 건진 북한군 병사들은 하얗게 겁에 질려 있었다. 1950년 10월 19일. 사진/백선엽

동평양으로 진격하는 국군 제1사단. 1950년 10월 19일.
사진/백선엽

평양 시가로 진입하는 국군 제1사단. 1950년 10월 19일.
사진/백선엽

1950년 10월 19일 제일 먼저 대동강을 건너 동평양을 향하고 있는 국군 제1사단. 제1사단은 대구 북방 다부동 전투에서 북한군의 대구 진격을 저지한 부대다. 사진/백선엽

조각배를 이용, 대동강을 도하 중인 제1사단 장병들.
1950년 10월 20일.
사진/백선엽

평양 시내 진입 후 집결한 국군 제1사단 차량들. 1950년 10월 20일. 사진/백선엽

평양 공격에 함께 한 미군 장교. 사진/백선엽

평양 진격 때 국군 제1사단을 지원한 포병대대 장병들. 사진/백선엽

소탕작전이 완료되자 가장 먼저 백선엽 제1사단장을 찾은 것은 '인디언 헤드' 마크를 단 미 2사단 소속의 장교들이었다. 선임자인 포스터 중령은 맥아더사령부에서 문서수집반으로 차출된 요원이었다. 포스터 중령은 백선엽 사단장에게 반원들의 평양시내 진입을 허가해 달라고 요청했다. 미군은 연대단위까지 전사(戰史) 기록장교가 배치돼 격전중에서 중요사실을 매일 기록했다. 1950년 10월 20일 촬영. 사진/백선엽

평양 진격 과정에서 붙잡은 북한군 포로들.
사진/백선엽

백선엽 제1사단장이 미 제2사단 소속 문서수집반원으로 추정되는 미군들을 수송기에 태우고 있다. 선임자 포스터 중령을 비롯한 일행 70명은 백 사단장의 허락을 얻어 평양 소재 공공건물을 샅샅이 뒤져 각종 문서를 다량 노획해 동경의 극동군사령부로 후송했다. 이 문서 중에는 귀중한 자료가 의외로 많아 적군이 황급히 도주한 것을 반증했다. 현재 미 국립문서기록보관청은 '적국문서'(National Archives Collection of Foreign Records Seized) 섹션에 공개하고 있다.
사진/백선엽

북한군 포로들을 인솔해 가는 국군 제1사단 헌병들. 사진/백선엽

1950년 10월 20일, 낙동강 반격 작전 성공으로 미 제1군단장 밀번 소장으로부터 미 은성무공훈장을 수여받는 백선엽 장군. 백 장군에게 '평양 입성 제1호'의 영예를 선사한 것도 밀번 군단장이다. 그는 백선엽 장군에게 연합작전의 요령을 터득 시켜준 스승이었다. 웨스트포인트 1914년 졸업생인 그는 아이젠하워, 밴플 리가 그의 1년 후배다. 매우 겸손하지만 싸울 때는 무척 용감하다. 밀번은 낙동강 전선과 운산 전투에서 그에게 군사적 스승이었다. 밀번은 6·25가 끝나지 않은 1951년 중장으로 진급했다가 그해 7월 예편했다. 그 뒤 고향에서 학생들에게 미식축구를 가르치며 여생을 보냈다. 사진/백선엽

1950년 10월 20일 평양 선교초등학교에서 훈장 수여를 위해 대기하고 있는 백선엽 제1사단장. 사진/백선엽

평양 공격을 위해 대동강을 도하하고 있는 제1사단 장병들을 바라보며 기병연대장 크롬베즈 대령과 대화를 나누고 있는 백선엽 장군. 크롬베즈는 제1사단이 도하장비 없이 하폭이 400m 이상이고 수심이 깊은 대동강을 건넌 것을 신기하게 생각했다. 백선엽은 크롬베즈에게 어렸을 적 대동강에서 수영을 배웠기 때문에 땅 위의 지리 뿐 아니라 물 속의 지리도 잘안다고 했다. 1950년 10월 20일. 사진/백선엽

평양 시내에서 미 수석고문관 헤이즐레트 중령으로부터
상황설명을 듣고 있는 백선엽 장군. 1950년 10월 20일.
사진/백선엽

평양을 대표하는 명승 '대동문'의 정면 모습. 백선엽 장군은
한미 포병 장교들에게 대동문, 연광정, 을밀대, 청류벽 등 평양의
문화재에는 포격하지 말도록 단단히 일러두었다. 헤닉 대령은 제2차
세계대전 중 로마를 오픈시티로 선포하고, 교토를 폭격에서 제외해
고도(古都)를 보호했던 사례를 알고 있었기에 백 사단장의 요구를
진지하게 받아들였다. 사진/김시덕

제1사단 부사단장 최영희 장군(국방부장관
역임). 최영희 부사단장은 평양 진격 직전
준장으로 진급했고, 그가 오랫동안 이끌었던
제15연대는 조재미 중령(준장 예편, 제15사단장
역임)이 맡았다. 1950년 10월 22일.
사진/백선엽

평양 입성 후에 평양비행장에 도착한 신성모 국방부장관, 정일권 참모총장, 공보처장 김활란 여사 일행. 1950년 10월 21일. 사진/백선엽

10월 25일 '평양 탈환 환영대회'에 참석한 조병옥 내무부장관. 백선엽 장군은 이날 이승만 대통령이 참석하는 일정이어서 행사준비와 경호를 위해 평양에 내려갔으나 이 대통령은 오지 못했다. 이 대통령은 10월 30일 행사에 참석했다. 1950년 10월 25일. 사진/백선엽

미 제10고사포단 제78고사포(90mm포) 대대장 액커트 중령이 미 고사포단 통신장교 데이비스 소령, 카드 소령(가운데)과 이야기를 나누고 있다. 1950년 10월 23일. 사진/백선엽

이승만 대통령의 평양방문 소식을 듣고 평양 시민들이 쏟아져 나왔다. 1950년 10월 30일. 사진/백선엽

미 제1기병 사단포병단장 찰리 팔머 장군(준장)과 담화를 나누는 헤닉 대령(왼쪽). 1950년 10월 23일. 사진/백선엽

정일권 육군참모총장이 영변에 있는 국군 제1사단 사령부를 찾았다. 1950년 10월 24일. 사진/백선엽

'우리의 영도자 이승만 대통령 만세'라고 쓴 현수막을 배경으로 이승만 대통령 환영식이 진행되고 있다. 이 대통령은 이날 시청 광장에서 민족의 단합을 호소하는 명연설을 해 광장을 가득 메운 평양 시민들로부터 열광적인 환영을 받았다. 연설 직후 단하의 시민들 틈에 내려가 악수를 나누는 감동적 장면도 연출됐다. 경호를 담당한 백선엽 사단장은 가슴을 졸였다고 한다. 1950년 10월 30일.
사진/백선엽

국군과 유엔군, 이승만 대통령을 환영하는 평양시내 벽보들. 1950년 10월 30일.
사진/백선엽

태극기와 성조기가 물결치는 가운데 환영식에 참석한 평양시민들. '오랫동안 그립든 우리의 이승만 대통령'이란 문구가 눈에 띈다. 1950년 10월 30일.
사진/백선엽

평양을 방문한 이승만 대통령과 박현숙 무임소 장관. 프란체스카 여사는 경호 문제 때문에 참석하지 못했다. 1950년 10월 30일.
사진/백선엽

이승만 대통령이 환호하는 평양시민에게 중절모를 들어 답하고 있다.
1950년 10월 30일.
사진/백선엽

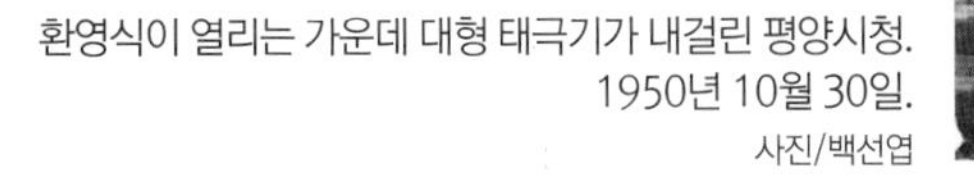

환영식이 열리는 가운데 대형 태극기가 내걸린 평양시청.
1950년 10월 30일.
사진/백선엽

대동교의 모습. 백선엽 장군의 제1사단이 평양 시내로 들어가려고 선교리 로터리에 도착했을 때 북한군들이 대동교를 폭파했다. 1950년 10월 25일. 사진/백선엽

이승만 대통령 환영식에서 교회 성가대원들이 찬송가를 부르고 있다. 1950년 10월 30일. 사진/백선엽

북진을 위한 작전 상황을 설명받고 있는 백선엽 장군. 1950년 10월 25일. 사진/백선엽

백선엽 장군이 운산에서 김점곤 대령의 제12연대가 상황이 급박하다는 것을 확인하고 있다. 1950년 10월 31일.
사진/백선엽

1950년 11월 1일 '운산 최후의 날'이라고 일컫는 미 제10고사포군단의 탄막사격. 백선엽 제1사단장은 헤닉 대령에게 3개 연대의 안전한 후퇴를 위해 1만3000발에 달하는 포탄을 최대발사 속도로 남김 없이 중공군 진지에 퍼부었다. 그 덕분에 제1사단의 3개 연대는 큰 손실 없이 안전하게 운산 골짜기를 빠져나올 수 있었다.
사진/백선엽

1950년 11월 1일 평양 북방에서 제1사단 수석고문관 헤이즈레트 중령과 작전계획을 숙의하고 있는 백선엽 장군.
사진/백선엽

1950년 10월 20일 평양형무소 광경. 우물마다 시체가 가득했고, 생매장한 시체가 헤아릴 수 없었다.
북한군은 납북인사와 소위 '반동분자'를 모조리 학살하고 달아났다. 사진/조선일보

함흥지역 집단학살 현장에서 가족들의 죽음을 확인하고 슬퍼하는 주민들.
사진/NARA

1950년 10월 함흥 지역에서 북한군이 지역 반공인사 300명을
동굴 속에 가둬 질식시켜 죽였다. 사진/NARA

제1사단은 신안주 남쪽 입석비행장 근처에서 전쟁 발발 후 4개월여 만에 처음으로 휴식을 가졌다. 1956년 11월 6일 제1사단 정훈부 연예대가 신안주에서 준비한 장병 위문공연. 코미디언 김희갑이 사단 위문을 했고, 무희들도 함께 가마니를 깐 야전무대에서 추위에 떨며 열심히 춤을 추었다.
사진/백선엽

1950년 가을, 국군 위문공연을 바라보는 군인들. 끔찍한 전쟁 속에서도 군인들의 사기를 높이고 마음을 달래주는 다양한 공연들이 이어졌다.
사진/조선일보

1950년 11월 20일 제1사단의 운산 철수를 도왔던 미 제10고사포군단이 운산 전투를 끝내고 감사기도를 드리고 있다.
사진/백선엽

북한군이 설치한 신안주와 박천 사이의 청천강 나무다리를 건너는 제1사단 장병들. 1950년 11월 21일. 사진/백선엽

배를 이용해 청천강을 도하하는 제1사단 장병들.
1950년 11월 21일. 사진/백선엽

청천강 다리가 협소해 양쪽에서 교통통제를 하는 제1사단 장병들.
1950년 11월 21일. 사진/백선엽

1950년 크리스마 공세 전날, 제1사단 12연대장 김점곤 대령과 사단 수석고문관 헤이즐레트 중령이 식사하는 모습. 사진/백선엽

'크리스마스 공세(Home by Christmas Offensive)' 하루 전날인 11월 23일은 추수감사절이었다. 전선의 유엔군 부대마다 칠면조 고기가 지급돼 흥겨운 회식이 마련됐다. 중공군의 1차 공세의 충격이 사라지고 장병들은 귀향 준비에 마음이 들떠 있었다. 미 제10고사포단장 헤닉 대령과 추수감사절 식사를 하는 제1사단장 백선엽 장군과 참모들. 1950년 11월 23일.
사진/백선엽

1951년 7월 15일 동해에 인접한 원산 인근을 비행하는 2대의 F9F 팬더 제트기. 미 항공모함 박서(USS Boxer CV-21)에서 발진해 원산 인근 덕원을 향해 비행하고 있다. 사진/NARA

맥아더 사령부의 '크리스마스 공세'로 중공군이 퇴각한 1950년 11월 6일부터 3주간 미 공군은 정체된 지상군을 대신해 맹렬한 북폭을 단행했다. 11월 8일 미 공군기 600대가 출격해 신의주를 거의 초토화하는 대폭격을 하는 것을 비롯해 청천강 이북의 대소 도읍에 폭격이 가해졌다. 사진은 폭격받은 청천강교. 1950년 10월 24일. 사진/조선일보

1950년 10월 26일 압록강 초산까지 진격한 제6사단 제7연대 1중대 2소대 장병(신찬균, 예비역 대령)이 수통에 압록강 물을 담고 있다. 사진/제6사단

제3폭격비행단의 B-26폭격기들이 북한 군사기지와 보급시설 등에 네이팜탄을 퍼붓고 있다. 사진/조선일보

1950년 10월 19일 중공군이 얼어붙은 압록강을 건너고 있다. 남북통일이 묘연해지는 한 컷의 사진이다. 사진/조선일보

1950년 10월 25일 중국이 6·25 전쟁에 본격적으로 개입하면서 국군과 유엔군은 38선 이남 지역까지 퇴각했다. '1·4 후퇴'라는 명칭은 북한군이 서울을 다시 점령한 1951년 1월 4일에서 비롯됐다. 당시 후퇴하는 국군과 유엔군을 따라 북한 주민들도 대거 남한 지역으로 내려오면서 수많은 난민과 이산가족이 발생했다. '흥남 철수'로 알려진 흥남에서 군함과 민간 선박을 타고 필사의 탈출을 시도한 피난민만 해도 10만여 명에 이른다.

1949년 10월 중화인민공화국을 수립한 중국공산당은 북한의 패배가 자국의 안보에 치명적이라 판단하고 6·25전쟁에 개입하기로 결정했다. 중국은 북한을 지원하기 위해 1950년 10월 19일 26만 명의 병력을 1차로 압록강 너머로 파병했으며, 10월 25일에는 펑더화이(彭德懷)를 총사령관으로 '중국인민지원군'을 창설해 북한군과 연합사령부를 구성했다.

중공군은 벌써 10월 중순부터 압록강을 도하해 적유령산맥의 구석구석에 포진하고 있었다. 1950년 10월 25일 국군 제1사단이 영변을 거쳐 운산에 도달했을 때, 산중에 매복한 중공군의 덫에 걸려들고 말았다. 전투 첫날, 백선엽 사단장은 생포한 중공군 포로를 심문해 밀번 군단장을 통해 중공군 정규군의 개입을 확인했다. 밀번 소장은 이 사실을 8군을 경유해 동경의 맥아더 사령부에 월로비 정보참모에게 보고했으나, 맥아더사령부는 이 사태를 대수롭지 않게 판단했다. 트루먼 대통령과 맥아더 원수는 10월 중령일 웨이크도 회담에서 중공이 개입하지 않을 것이라 판단했고, 자신들의 판단에 반대되는 현실에 봉착하자 이를 과소평가하는 실수를 저질렀다.

그 댓가는 가혹했다. 평안북도 운산과 영변 일대에서 벌어진 첫 전투에서 국군과 유엔군에 큰 피해를 입혔다. 국군 제1사단은 미 제1기병사단 제8기병연대와 임무를 교대하고 헤닉 대령의 고사포군단의 지원 포사격에 힘입어 전력을 온존한 채 간신히 영변으로 철수했고, 대신 제1사단을 엄호하던 미 제1기병사단 제8기병연대 제3대대가 전멸에 가까운 피해를 입었다.

참담한 1·4후퇴, 통일은 멀어졌는가

'운산의 비극'이라는 '중공군 1차 공세'였다.

유엔군은 '크리스마스 공세'로 중공군에 대한 총공세를 벌였으나 국군 제2군단, 미 9군단이 우익부터 하나씩 허물어지는 '청천강의 도미노 현상'을 겪으며 11월 말부터 퇴각을 시작했다. 설상가상으로 미 제9군단 예하 미 제2사단은 군우리에서 6·25전쟁 최악의 패배인 '인디언 태평' 참사를 겪으며 사단이 와해당하고 만다. 이날 맥아더 사령부는 북한에서 작전중 인 전 병력에 대해 38선으로 총후퇴를 명령했다. 전사학자들은 유엔군의 크리스마스 공세를 철저한 오판이 부른 '재난으로의 눈먼 행진(Blind march to disaster)'이라고 혹평했다.

함경도 지역에 있던 미 제1해병사단도 북한의 임시수도인 강계를 공격하려던 장진호 전투에서 중공군에게 포위당해 사투를 벌였고, 12월 15일부터 흥남에 집결해 해상으로 철수를 시작했다. 결국 1950년 12월 6일 평양이 다시 북한군의 손으로 넘어갔으며, 12월 말에는 북한군이 38선 지역까지 남하했다. 1951년 1월 3일 의정부 방어선이 뚫리면서, 1월 4일 유엔군은 서울을 다시 북한군에 넘겨주고 물러났다. 북한군은 1월 7일 수원까지 점령하며 남진을 계속했다.

이 무렵 워커 8군사령관이 교통사고로 사망하고 후임으로 미 육군부 작전참모부장 리지웨이 중장이 부임했다. 그는 군에 만연된 패배주의를 극복하기 위해 부임 직후 일선 각 부대를 순시하며 용기를 불어넣었다. 다시금 전열을 정비한 국군과 유엔군이 반격을 시작하자 중공군은 패퇴하기 시작했다. 1월 9일에는 원주, 1월 15일에는 오산 전투에서 승리를 거두었고, 1월 28일에는 횡성까지 진출했다. 지평리 전투에서 유엔군의 대대적인 반격에 부딪힌 북한군과 중공군은 2월 7일부터 퇴각하기 시작했고, 유엔군은 3월 14일 서울을 두 번째로 탈환했다.

1950년 9월 17일 현대 팝가수의 선구자인 앨 졸슨이 한국전선을 방문해 부산 스타디움에서 미군을 즐겁게 하고 있다. 지칠 줄 모르고 끊임없이 재능을 기부했던 그는 미국으로 돌아간 직후인 1950년 10월 23일 64세의 나이로 사망했다. 그는 자비로 떠난 공연이 마지막 공연이 되고 말았다. 사진/U.S.Army

전쟁 중 서울에서 열린 '미국 코미디의 황제' 밥 호프의 공연에 관객들이 즐거워하고 있다. 1950년 10월 23일 촬영.
사진/ U.S. Army

중공군은 치밀한 사전 정찰로 상대의 약점을 알아낸 뒤 병력을 그곳에 집중적으로 투입하는 전법에 능했다. 우회, 퇴로차단, 포위공격을 되풀이해 국군과 유엔군은 애를 먹어야 했다. 공격할 때 나팔과 호적(胡笛)을 불고 징을 치는 등 심리적, 전술적 압박을 가했다. 나팔과 피리를 불며 공격 신호를 하고 있는 중공군. 사진/조선일보

중공군들이 1950년 11월 30일 평북 개천 군우리 남쪽의 계곡에서 퇴각하는 미 제2사단 병력을 공격했다. 미군들이 나중에 '인디언 태평(Gauntlet)'이라 불렀던 이 지역에서 미 제2사단은 2개 연대와 공병대대 등 전체 병력의 3분의 2가 궤멸하는 6·25전쟁 중 최악의 타격을 입었다. 미 제2사단 카이저 소장은 해임됐다. 사진/백선엽

1951년 3월 7일 수원에서 논란거리가 된 기자회견문을
읽고 있는 맥아더. 그는 "병력 지원이 없는 한, 중공군에게
치명상을 입히지 않는 한, 아시아에서 중공의 공격력을
저지할 수 없다"고 강조했다. 결국 트루먼은
이 공개 발언을 문제삼아 맥아더의 해임을 결정했다.
사진/조선일보

1951년 2월 13일 미 제3보병사단 제15보병연대가 전투 중
중공군의 박격포 공격을 피해 골짜기에 몸을 숨기고 있다.
사진/조선일보

중공군 벙커에 수류탄을 던져넣는 미 제1해병사단 병사.
6·25전쟁에서는 근접전이 많아 수류탄이 전투의 유용한 무기가 됐다.
사진/NARA

1951년 3월 23일, 의정부 지구에서 중공군에게
수류탄 공격을 퍼붓는 유엔군 병사들. 사진/NARA

1950년 중국군의 포위를 뚫고 장진호에서 탈출한
미 해병대가 중국군 점령 지역에 투하한 폭탄이 폭발하는
장면을 지켜보고 있다.
사진/NARA

1950년 12월 3일 맥아더사령부는 중공군의 2차공세로
군우리에서의 미 제2사단 궤멸에 충격을 받아 북한에서 작전
중인 전 병력에 대해 38도선으로 총퇴각을 명령했다.
사진은 유엔군 차량이 38선을 넘어오고 있다.
사진/NARA

1950년 10월 15일 맥아더 원수(왼쪽)가 워싱턴에서 1만4000마일을 날아 웨이크섬까지 날아온 해리 트루먼 대통령에게 인사하고 있다. 웨이크 섬에서 맥아더는 트루먼 대통령에게 "중공군의 개입 가능성은 거의 없다"면서 "한국에서 전쟁은 사실상 끝났다"고 했다. 그 4일 뒤 30만의 중공군이 압록강을 건넜다.
사진/NARA

1950년 12월, 중공군의 개입으로
압록강까지 진격했던 유엔군의 후퇴가
시작되자 북한 지역 주민들이 유엔군이
폭파한 평양 대동강철교를 필사적으로
건너 피란을 가고 있다.
사진/NARA

1·4후퇴로 중공군에 밀려 또 다시 서울을 버리고 피란길에 오른 행렬.
추운 날씨에 어린 소녀가 고사리손으로 마차를 밀고 있다. 사진/NARA

1·4 후퇴 당시 서울을 떠나 남으로 향하는 피난민의 행렬.
사진/NARA

1·4 후퇴 당시 자유를 찾아 남쪽으로 향하는 평양 시민들. 한겨울 대동강 얼음물을 건너는 모습.
사진/NARA

1951년 1월 14일. 노인을 업고 한강을 건너는 주민. 부자지간으로 보인다.
사진/NARA

미10군단 예하 미 제1해병사단은 동부전선 장진호에서 중공군에게 포위돼 사투를 벌였다. 해병대원들이 혹한을 뚫고 철수를 위해 행군하고 있다. 사진/LIFE

1950년 12월 중공군 3개 사단의 기습 공격을 격퇴한 미 제1해병사단 제5연대와 제7연대 병사들이 철수 소식을 듣고 있다. 미군은 흥남을 교두보로 확보했고, 미군 사단을은 12월 14일부터 24일까지 해상으로 부산에 도착했다. 사진/NARA

미 해병대원들이 동사한 전우들이 트럭에 실려가는 가운데 그 뒤를 따라 행군하고 있다. 사진/LIFE

구원부대의 손길을 기다리는 미 해병대원. 사진/LIFE

1950년 12월 미 포병대원들이 미 제10군단 지역의 포위당한 미 해병대원들의 안전한 철수를 위해 지원 포사격을 하고 있다. 사진/NARA

1950년 12월 16일 흥남 철수를 위해 부두에 집결해 있는 국군. 사진/조선일보

1950년 12월 19일 철수하는 유엔군을 따라가기 위해 부두로 몰려든 피란민들의 모습. 사진/NARA

6·25전쟁 이전 일본 주둔 미군부대를 방문한 콜린스 미 육군참모총장(맨 왼쪽)에게
아들 샘 워커 중위(왼쪽에서 세번째)를 자랑스럽게 소개하는 워커 8군사령관(왼쪽에서 두 번째).
그는 대를 이어 군인이 된 아들을 자랑스럽게 생각했고, 샘 워커는 훗날 아버지의 뒤를 이어 육군 대장에 올랐다. 사진/조선일보

흥남에서 철수하고 있는 유엔군과 국군. 유엔군과 국군은 전선을 포기하고 남쪽으로 후퇴하며
중공군이 이 항구를 사용하지 못하게 폭파했다. 이것이 1·4후퇴의 시작이다. 사진/Wikipedia

1950년 12월 23일 서울 도봉구의 국도상에서 워커 중장의 지프와 충돌한 국군 제6사단 소속의 스리쿼터 트럭. 이 사고로 워커 중장은 사망했다. 워커는 전날 은성무공훈장을 받은 아들 샘 워커 대위를 만나본 후 이승만 대통령의 부대 방문을 준비하기 위해 의정부 북쪽의 영연방여단으로 가는 중이었다. 워커는 그의 스승인 조지 패튼 미 제3군사령관이 독일 아우토반에서 자동차 사고로 죽은 것처럼, 그도 차 사고로 사망했다.
사진/조선일보

1950년 한국에서 취재 중인 마거리트 히긴스(가운데). 오른쪽은 존 브래들리 준장, 왼쪽은 맥 메인스 중령. 사진/NARA

마거리트 히긴스는 어렸을 적부터 종군기자가 꿈이었다. 1차 세계대전 중 프랑스군에 자원입대해 공군 조종사로 활약한 아버지로부터 전쟁 얘기와 사진들을 많이 접했다. 32세이던 1952년 윌리엄 홀 미 공군 대령과 재혼했다. 그녀는 한국전 휴전 후 1951년부터 1965년까지 10차례 베트남을 취재했다. 마지막 취재 중 풍토병인 리슈마니어증에 감염돼 1966년 1월 45세로 생을 마감했다. 남편 윌리엄 홀 공군 중장과 함께 알링톤 국립묘지에 안장됐다.
사진/ LIFE

훈시 중인 제1사단 참모장 김동빈 대령. 평양 진격 때 함께 했던 헤닉 대령의 고사포군단과 그로든 중령의 전차대대도 원대복귀하는 바람에 제1사단의 전력은 허전할 만큼 위축된 때였다. 1950년 12월 30일.
사진/백선엽

1950년 12월 30일 경기 파주 천현국민학교에 있는 제1사단사령부를 방문한 인사들. 우로부터 송인상 재무부장관, 백선엽 장군, 장기영 한국은행 이사(부총리 역임), 여비서 일행이 관사에서 직접 담구었다는 김치를 여로 독 가져와 장병들을 위문했다. 고위 인사의 부대 방문은 당시의 전세가 절박했던 때문이기도 했으나, 한편으로는 신임 리지웨이 8군사령관이 이승만 대통령에게 한국군에 대한 강한 불만을 나타냈기 때문이었다. 사진/백선엽

마거리트 히긴스 기자는 6·25 전쟁 초기 6개월 동안 전장을 누빈 유일한 여성 종군기자다. 그녀는 1951년 여기자 최초로 퓰리처상을 받았다. 대한민국 정부는 2010년 9월 그녀에게 수교훈장 흥인장을 수여했고, 2016년에는 '5월의 전쟁영웅'으로 선정했다. 사진은 히긴스가 국군을 상대로 수첩·펜을 들고 취재하는 모습. 사진/NARA

1951년 3월 중공군의 대규모 공세가 시작된 뒤 정일권 총참모장(왼쪽)과 리지웨이 미 8군사령관이 반격작전을 숙의하고 있다. 사진/조선일보

경기도 파주 법원리의 제1사단사령부를 방문한
미 제8군사령관 리지웨이 장군을 제1사단장 백선엽
장군과 김동빈 대령이 맞이하고 있다.
1950년 12월 29일.
사진/백선엽

워커의 뒤를 이어 미 8군사령관에 부임한 메튜 리지웨이 중장이
1950년 12월 29일 파주 법원리 근처 천현국민학교의 제1사단
사령부를 방문했다. 그는 늘 수류탄과 구급대를 양쪽 가슴에 달고 있다.
사진/백선엽

중공군의 3차 공세 이후 전열을 정비하고 있는 국군 제1사단.
백선엽 사단장이 부대를 격려하고 있다. 1950년 12월 30일.
사진/백선엽

유공 장병에게 훈장을 수여하는 백선엽 장군. 1951년 2월 21일.
사진/백선엽

1·4후퇴 직후인 1951년 1월 25일, 제1사단장 백선엽 장군과 부사단장 유흥수
대령이 장병들에게 훈시하고 있다. 1사단은 1·4후퇴를 초래한 중공군의 38선
공격에 제12연대가 심각한 타격을 받았다. 사진/백선엽

1951년 1월 26일 중공군 3차 공세 직전, 백선엽 사단장이 군장검사를 하는 모습. 중공군 3차공세는 제1사단이 38선에 배치된 지 보름만인 12월 31일 들이닥쳤다. 이 3차 공세의 패배로 제1사단은 서울을 다시 포기하고, 한강 남안에 해당하는 영등포에서 노량진에 거쳐 동작동에 이르는 전선에 투입됐다. 사진/백선엽

백선엽 장군이 장병들을 격려하고 있다. 1951년 1월 26일. 사진/백선엽

서부전선 안성지구에서 표창을 수여하는 백선엽 장군. 1951년 1월 26일. 사진/백선엽

경기도 안성 인근 민가 근처에
집결해 있는 제1사단 소속 병사들.
1951년 1월 29일.
사진/백선엽

서부전선 안성지구에서 훈시 중인
백선엽 장군. 1951년 1월 16일.
사진/백선엽

국군과 유엔군이 37도선, 즉 평택~안성~
장호원~제천~삼척 선까지 철수한 시점이다.
입장에 자리한 사단사령부에 주차한
차량 모습. 위장망으로 뒤덮어 놓은 것이
흥미롭다. 1951년 1월 27일. 사진/백선엽

6·25전쟁에 미 제2사단 제23연대장으로 참전한 당시의 프리먼 대령. 필리핀 출생인 그는 제2사단장을 거쳐 1965년 대장으로 진급했다. 사진/백선엽

백선엽 장군이 1958년 육군참모총장 자격으로 미국을 방문해 지평리 전투의 영웅 프리먼 장군을 만났다. 사진/백선엽

경기 안성 입장 사단사령부에서 백선엽 장군과 사단 수석 고문관 로버트 헤이즈레트 중령. 1951년 1월 27일. 사진/백선엽

1951년 1월 28일 수원비행장에 도착한 맥아더 장군과 군 수뇌부. 왼쪽 두 번째부터 영국군 여단장,
터키 여단장, 미 제25사단장 윌리엄 킨 소장, 맥아더 원수, 8군사령관 리지웨이 중장,
한사람 건너 미 제1군단장 밀번 소장, 두사람 건너 백선엽 제1사단장.
사진/백선엽

1951년 2월 지평리 전투 후 한국전선을 찾은
맥아더 유엔군사령관(맨 오른쪽)을 만나고 있는 몽클라르 장군(왼쪽).
랄프 몽클라르 장군은 제 1·2차 세계 대전과 6·25 전쟁에서 활약한
프랑스 육군 3성 장군이다. 몽클라르 장군은 6·25전쟁 때 프랑스를 돌며
직접 모은 병력 600명을 이끌고 중령 계급장을 달고 한국에 왔다.
미 제10군단 예하 제23연대(연대장 프리먼 대령)에 배속된 그와
프랑스군 병력은 1951년 2월 13일부터 5일간 경기 양평군 지평리에서
중공군 3만여 명에게 맞서 백병전 끝에 승리했다. 1963년 몽클라 장군이
사망했을 때, 당시 프랑스 대사였던 백선엽 장군은 암바리드(군사박물관)
에서 드골 대통령의 주관하에 치러진 장례식에 참석했다. 사진/지평사모

1951년 1월 28일 수원비행장에 도착한 맥아더 장군을
영접하는 제1사단장 백선엽 장군.
사진/백선엽

1951년 2월 20일 맥아더 유엔군사령관이 전황을 살피기 위해 리지웨이 미 8군사령관(뒷줄 오른쪽),
맥아더 사령관(중앙)의 군사보좌관 코트니 휘트니 소장(뒷줄 왼쪽)과 함께 원주 지역 흙길을 걷고 있다.
사진/NARA

제1사단 지휘소를 방문한 이승만 대통령을 모시고 백선엽 장군과 제1사단 참모들과 함께했다. 1951년 2월 1일. 사진/백선엽

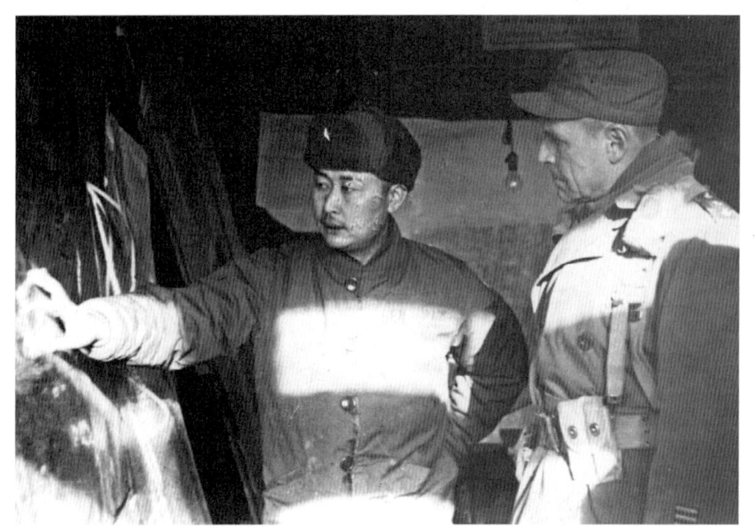

1951년 2월 경기도 시흥에 있는 장택상씨 별장에서 백선엽 제1사단장이
미 8군사령관 리지웨이 중장에게 서울 재탈환 작전을 보고하고 있다.
리지웨이는 대구의 8군사령부는 비워둔 채 최전선 부대를 따라다니며 천막 속에서 기거했다.
그것이 바로 그가 여주 강가에 설치한 전방지휘소다. 리지웨이는 전황이 위급할 때 지휘관은
최대한 전선 가까이 바짝 붙어야 한다는 통솔원칙을 갖고 있었다. 리지웨이가 한국전쟁
최고의지휘관으로 평가받는 이유도 바로 이러한 솔선수범의 통솔력에 기인한다.
사진/백선엽

1951년 2월 6일 신성모 국방부장관이 서부전선에 위치한
제1사단 사령부를 방문했다. 사진/백선엽

1951년 2월 경기도 안양의 제1사단지휘소에서
백선엽 제1사단장이 기자들에게 전황을 설명하고 있다.
사진/백선엽

1951년 2월 8일 신성모 국방부장관과 지프를 함께 타고 수원의 미 제1군단사령부로 가는 도중 미군 트럭을 비켜가려다 차가 뒤집혔다. 신 장관과 사단 수석고문관 헤이즈레트 대령은 무사했으나 백선엽 장군은 허리를 다치고 안면도 찍기는 부상으로 수원의 이동외과병원에 입원했다. 이 소식을 듣고 병원에 달려온 리지웨이는 "사단장이 꼭 필요한 시기"라며 군의관의 후송에 반대했다. 백선엽 장군도 부대를 비울 수 없어 하루만에 퇴원했다.
사진/백선엽

경기도 안성 입장면 파장리의 제1사단사령부에서 통역장교 남성인 중위, 백선엽 사단장, 미 제1군단 연락장교가 함께 포즈를 취했다. 1951년 2월 16일.
사진/백선엽

신성모 국방부장관이 제1사단사령부를 방문해 격려하고 있다.
사진/백선엽

1951년 2월 18일 장면 총리가 제1사단을 방문을 위해 수원비행장에 도착했다. 사진/백선엽

경기도 안성 입장면 파장리의 제1사단사령부. 사단 사령부는 주로 현지의 초등학교를 사용했다. 1951년 2월 16일. 사진/백선엽

1951년 2월 24일 백선엽 사단장이 수원 인근에서 야외 작전회의를 하고 있다. 사진/백선엽

1951년 2월 24일 서울 탈환 작전 도중 수원 인근에서
적정을 관찰하는 백선엽 장군.
사진/백선엽

1951년 2월 25일 미 기갑부대 전차들이
서울 탈환을 위한 '리퍼 작전(Operation Ripper)'을
앞두고 도열해 있다.
사진/백선엽

1951년 3월 5일 서울 탈환을 위한
'리퍼 작전' 직전에 제1사단 사령부를
방문한 존 무초 주한 미 대사.
사진/백선엽

서울을 탈환 작전에 들어가기 전
제1사단사령부로 사용하고 있는 장택상씨
별장에 제1사단 장교들이 모였다.
1951년 3월.
사진/백선엽

1951년 3월 서울 탈환을 위한 '리퍼 작전'
와중에 미 제1군단장 밀번 중장(왼쪽)과
부군단장 토마스 해롤드 준장(가운데)이
제1사단사령부를 방문했다.
사진/백선엽

제1사단사령부를 방문한 무초 대사를
안내하는 제1사단장 백선엽 장군.
1951년 3월 5일.
사진/백선엽

경기 안양의 제1사단사령부를 방문한 정일권 육군참모총장. 1951년 3월 6일. 사진/백선엽

서울 탈환을 위한 '리퍼 작전'을 격려하기 위해 신성모 국방부장관이 제1사단장 백선엽 장군에게 준 선물.
사진/백선엽

서울 탈환 작전 직전 장병들과 함께 기념 촬영한 제1사단장 백선엽 장군. 1951년 3월 4일.
사진/백선엽

전쟁 중에서 교육훈련은 계속된다. 정훈요원 교육을 수료한 초급간부들. 1951년 3월 10일.
사진/백선엽

1951년 3월 북한군을 향해 105mm 곡사포를 발사하는 제1사단 포병부대. 사진/백선엽

1951년 3월 12일 서울 탈환 작전 때 포병을 격려하는 제1사단 부사단장 유흥수 대령. 사진/백선엽

리지웨이 사령관의 서울 탈환을 위한 '리퍼 작전'은 3월 7일을 시작됐다. 15만 병력이 동원된 이 작전의 성패는 미 제25사단이 금곡과 양수리에서 전적 도하를 무사히 하는 것이었다. 대안을 쑥밭으로 만드는 엄청난 포격에 이어 미 제25사단은 무난히 한강을 건너 공격선봉으로서 포천으로 진격했다.
사진은 3월 12일 한강 남쪽에서 적진을 정찰 중인 제1사단 장병들.사진/백선엽

1951년 1월 31일 미 제25사단 소속의 한 장교가 통역관 이동수의 도움을 받아 주민들에게 대피할 것을 통고하고 있다. 이 마을에서 곧 치열한 전투가 벌어질 것이라는 설명에도 아이들의 표정은 무심하기 그지없다. 사진/NARA

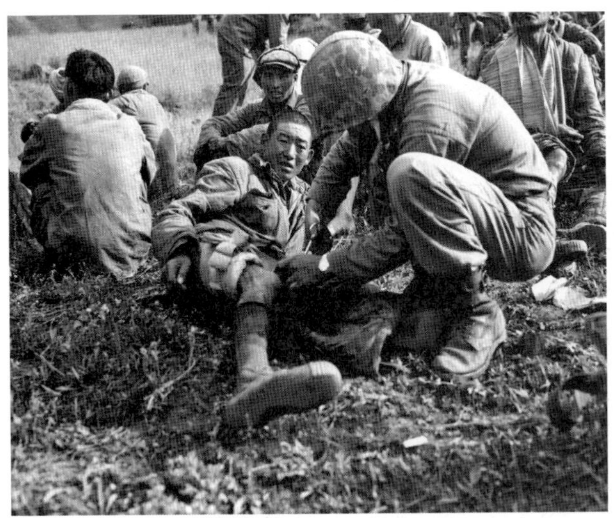

1951년 5월경, 미 해병대 위생병이 중공군 포로의 다리를 치료하고 있다.
사진/NARA

1951년 4월 미 제24사단 병사들이 고지전 끝에 중공군을 생포해 내려오고 있다. 사진/NARA

지하 땅굴에 차려진 중공군 사령부를 방문한 북한의 김일성(가운데). 사령부 입구에서 중공군 사령관 팽덕회(앞줄 오른쪽에서 두 번째), 양측 부장들과 함께 사진을 찍었다. 사진/조선일보

서울 정면을 담당한 국군 제1사단의 임무는 한강 도하작전을 위장하는 양동작전이었다.
리지웨이는 서울에서 소모적 시가전을 피하는 우회전술을 채택한 것이다.
사진은 1951년 3월 15일 단정을 이용해 한강 도하를 준비하는 제1사단 장병들. 사진/백선엽

서울 탈환을 위한 한강 도하작전. 리지웨이 사령관의 양동작전 목적은 서울과 평양에 주둔하고 있는
적군의 대부대 병력을 딴 곳으로 이동, 증파할 수 없도록 붙잡아 두자는 것이었다.
사진/백선엽

1951년 3월 15일 제1사단 장병들이 부교를 이용해 한강을 도하하고 있다. 미군은 백선엽 사단장에게 도하 장비를 3월 10일경부터 서서히 단계적으로 지원하면서 제1사단이 자연스럽게 도하준비를 하도록 했다. 백선엽 제1사단장이 미군의 양동작전 내막을 알게 된 것은 훨씬 뒤의 일이다. 사진/백선엽

한강 도하를 위해 제1사단 장병들이 한강에 설치한 부교.
사진/백선엽

서울 탈환을 위한 한강 도하작전을 준비 중인 제1사단 장병들. 사진/백선엽

1951년 3월 15일 제1사단이 모두 한강을 건너자 리지웨이 사령관과 밀번 군단장, 그리고 신성모 국방부장관이 강변에 나와 이 작전을 지켜봤다. '낙루장관' 신 장관은 여기서 백선엽 장군을 끌어안고 눈물을 흘리며 서울 재탈환 작전의 감격을 나눴다. 사진/백선엽

1951년 3월 21일 국군 제1사단은 미군으로부터 대대규모의 수륙양용차와 고무보트 등 도하장비를 받았다. 제1사단은 이 장비를 활용해 도하와 시가지 훈련을 거듭하는 한편, 소규모 수색대를 서울에 잠입시켜 계속 적정을 탐지했다. 사진/백선엽

1951년 3월 15일 아침 제1사단은 수도 서울을 목전에 둔 채 20일간 벼르던 끝에 차가운 한강물을 가르며 여의도에서 마포쪽으로 도하했다. 선두 제15연대가 대안에 교두보를 확보하자 전 병력은 무사히 한강을 건넜다. 사진/백선엽

1951년 4월 미 보병 전투원이 북한군 소화기를 피하기 위해 분대원들의 엄호사격을 받으며 뛰어가고 있다. 사진/NARA

1951년 3월 15일 서울 재탈환을 위해 시가전을 벌이며 마포 일대까지 진입한 국군 제1사단. 산발적 총격전이 있었을 뿐, 북한군의 저항은 경미했다. 오히려 무수히 매설된 지뢰가 장애가 되고 있었다. 사진/NARA

1951년 1월 8일 미 제10군단 사령부 인근의
작은 냇가에서 빨래 중인 여인들. 사진/NARA

1951년 3월 16일 제2차 서울수복 시 국군과 미군이
순찰을 돌며 태극기를 점검하는 모습. 사진/NARA

서울 탈환 후 주민 계몽교육을 하는
제1사단 정훈 요원. 1951년 3월 15일.
사진/백선엽

1951년 3월 15일 서울 재탈환 후 모습.
한때 150만명의 시민이 살던 수도는 폐허뿐이었다.
곳곳에 끊어진 전기줄과 전차 동력선이 헝크러져
서울은 거미줄에 갇힌 것 같은 착각을 주었다.
남대문도 크게 손상됐다.
사진/백선엽

부서진 수원성을 지나는 미 제25사단의 모습. 1951년 1월 25일. 사진/NARA

서울 탈환 후 중앙청 모습. 1951년 3월 15일. 사진/백선엽

유엔군 공군기에 의해 초토화된 서울역. 탄착지점의 분화구가 큼직하게 보인다. B-29의 고폭탄은 피해갔으나 네이팜탄의 공격은 피할 수 없었다. 사진/NARA

서울 탈환 후 독립문 거리. 1951년 3월 22일.
사진/백선엽

1951년 3월 15일 서울 탈환 후 모습. 서울에 잔류한 시민은 약 20만 정도. 노인과 어린이, 그리고 병약자가 대부분이었다. 이들은 오랜 전쟁에 지쳐 표정조차 사라졌다. 얼마 전처럼 태극기를 흔든다거나 국군을 열렬히 환영하며 반기던 모습조차 없었다. 사진/백선엽

덕수궁 중화전 앞에 주둔한 미군. 포격으로 중화전의 지붕이 부서지고 경내는 온통 잡초투성이다. 사진/NARA

폐허가 된 독립문 주위의 모습. 1951년 3월 22일. 사진/백선엽

1951년 3월 21일 제1사단을 방문한 영국군 여단장 코트(Coad) 준장. 사진/백선엽

제1사단을 방문한 여단장 사령관 코트 준장이 백선엽 사단장에게 전황 브리핑을 듣고 있다. 사진/백선엽

1951년 3월 16일 서울 재탈환 후 서울 만리동 제1사단사령부를 방문한 영국군 장교들. 사진/백선엽

전선이 다시 38선에 형성된 1951년 3월 27일. 리지웨이는 여주의 미 8군 전방지휘소에서 주요 지휘관들을 소집했다.
미군측에서는 각 군단장과 사단장 전원, 국군에서는 정일권 참모총장, 김백일 제1군단장, 유재흥 제3군단장, 그리고 미 군단에 배속된 국군 사단의 장도영 제6사단장과 제1사단장인 백선엽 장군이 참석했다. 고급지휘관이 총망라된 이런 회의는 이것이 전시 유일한 경우였다. 이때 국내외의 모든 시선은 다시 38선에 집중되고 있었다. 이승만 대통령과 맥아더 사령관은 '북진'을 외쳤고, 트루먼 대통령과 영국을 비롯한 연합군 참전국들은 '38선 이남에서의 침략군 격퇴'를 희망했다. 리지웨이는 이런 미묘한 시점에서 전쟁지휘 방침을 밝히고자 했다.
리지웨이는 '공세방어(offensice-defensive)'를 천명하며, "38선은 인정하지 않으나 제한 없이 북진하지도 않을 것"이라고 했다.
왼쪽부터 미 8군사령부 참모장 레븐 알렌 소장, 미 제24사단장 블랙히어 브라이언 소장, 군사고문단장 프란시스 파렐 준장, 미 제1군단장 밀번 중장, 미 제1기병사단장 채플스 팔머 소장, 미 제1해병사단장 올리버 스미스 소장, 미 8군 부사령관 존 콜터 중장, 미 제9군단장 윌리엄 호지 소장, 제3군단장 유재흥 소장, 미 제25사단장 조지프 브래들리 준장, 미 제3사단장 로버트 소울 소장, 제6사단장 장도영 준장, 미 제2사단장 클라크 루프너 소장, 폴 욘트 제2 군수지원 사령관(부분적으로 보이지 않음), 제1사단장 백선엽 준장, 미 제1군단장 에드워드 아몬드 중장, 미 8군사령관 리지웨이 중장, 육군참모총장 정일권 중장, 제1군단장 김백일 소장.
사진/백선엽

1950년 12월 19일 묵호진에서 신병들을 모아놓고 연설하는 김백일 소장. 육군 제1군단장인 김 소장은 유엔군의 반격과 함께 가장 먼저 38선을 돌파, 혜산까지 북상했으며 1950년 12월 흥남철수작전 때 아몬드 제10군단장을 설득해 10만명의 피난민을 태워 거제도로 철수시켰다. 1951년 3월 27일 '여주 회의'를 마치고 돌아가다 대관령에서 악천후를 만나 추락해 순직했다. 그의 유해는 5월 9일 발견됐다. 함북 명천 출신인 그는 활달하고 패기만만한 지휘관으로 동부전선을 도맡아 혁혁한 전공을 세웠다. 사진/NARA

1951년 3월 27일 서울 재탈환 후 제15연대를 위한 위문공연이 펼쳐졌다. 사진/백선엽

공정사단장과 군단장을 역임한 리지웨이는 공정대를 투하해 임진강까지의 실지를 단숨에 회복하고 포위망 속의 적군을 섬멸하고자 했다.
1951년 3월 극동공군 소속 제315전대의 C-130 수송기에서 제187공수연대팀 전투단 수백 명이 링크업 작전의 임무를 띠고 공중에서 낙하하고 있다.
사진/NARA

1951년 4월 제10고사포단의 헤닉 대령이 서울 재탈환에 공을 세운 부대원들에게 메달을 수여하고 있다. 사진/백선엽

제1사단 관산리 지휘소 전경. 1951년 4월 6일 제1사단은 6·25 때의 주저항선인 임진강에 다시 포진했다. 재건 이래 세 번째로 임진강을 지키게 된 것이었다. 백선엽 장군은 관산리로 사단사령부를 이설하고 수많은 장병들의 피와 땀과 한이 어린 임진강에서 다시는 물러서서는 안된다는 각오를 했다. 사진/백선엽

1951년 4월 7일 유엔군은 전선을 한반도의 심장부에 해당하는 요지인 '철의 삼각지'에 접근시키는 '험난한 작전(Operation Rugged)'을 실시했다. 중부전선의 미 제9군단이 주역을 담당하고, 제1사단이 서부전선에서 임진강 선을 고수하는 임무가 주어졌다. 이 작전 개시일, 백선엽 장군은 육군본부로부터 고 김백일 소장의 후임으로 제1군단장에 임명됨과 동시에 소장으로 진급했다는 연락을 받았다. 사진은 1951년 4월 12일 백선엽 장군이 경기 고양시 관산리 사단사령부에서 제1사단을 떠나면서 강문봉 장군, 사단 참모들과 함께 기념촬영 했다. 사진/백선엽

제1사단장 시절, 통신감 심언봉 준장과 함께한 백선엽 장군. 1951년 4월 13일. 사진/백선엽

1951년 4월 12일 제1사단 지휘를 마치고 떠나는 백선엽 장군을 부하들이 환송하고 있다. 1949년 7월부터 제5사단장, 1950년 4월부터 제1사단장을 지낸 백선엽은 2년 가까운 사단장 시절을 마감했다. 전쟁을 치르는 동안 사단장직도 경질을 거듭해 전쟁 초기부터 그 직을 계속 맡아온 이는 백선엽 장군뿐이었다. 사진/백선엽

1951년 4월 12일 백선엽 장군이 제1군단장 보직신고를 위해 부산으로 떠나기 위해 고양시 관산리 사단사령부에서 L-4 연락기에 오르고 있다. 마침 전날 맥아더 원수의 해임 소식이 부산에 알려진 날이었다. 이승만 대통령은 백선엽의 어깨에 소장 계급장을 달아주며 "맥아더가 나의 심정을 전심으로 알아주는 군인이었다"고 했다. 재차 북진을 주장하며 트루먼 대통령에게 고분고분하지 않았던 맥아더는 하루 아침에 미 극동군 최고사령관, 미 극동육군 사령관, 유엔군총사령관 등 세 개의 직함을 내놓았다. 그 후임에 리지웨이가 대장으로 진급해 취임했고, 밴플리트 중장이 8군사령관에 임명됐다. 사진/백선엽

제2장

휴전회담장의 고뇌

제1군단장

제1사단을 떠나다

아무도 바라지 않는 휴전회담의 한국대표로

백야전투사령부의 공비토벌

백선엽 제1사단장은 1951년 4월 15일 소장 진급과 함께 비행기 추락사고로 순직한 김백일 제1군단장의 뒤를 이어 군단장에 취임했다. 백선엽 장군이 제1군단장에 부임했을 때 맥아더 원수의 해임 말고도 국민방위군 사건, 거창양민학살사건 등 군과 관련된 불미스러운 사건이 터져 안팎으로 어수선한 때였다. 공비토벌에 투입됐던 제11사단은 '거창 사건'을 맞은 직후 제1군단으로 이동했다. 거창 사건의 후폭풍으로 4월 24일에는 신성모 국방장관이 해임되고 후임 국방장관으로는 이기붕이 임명됐다.

태백산맥의 긴 남북의 능선을 경계로 하여 동해안까지를 1군단이, 인제 일대의 내륙 산악 지역은 3군단(군단장 유재흥 소장)이 담당하고 있었다. 즉 육군본부가 독자적으로 지휘하는 전선의 지상군 병력은 이들 2개 군단이 전부였다. 물론 전체적인 작전 계획은 8군사령부가 수립했고 육군본부는 이에 따라 군단을 지휘했다. 따라서 강릉에는 육군본부 전방지휘소가 설치돼 이따금 정일권 총참모장이 이곳에 들렀으며, 이준식 준장이 전방지휘소의 현지 책임자로 상주하고 있었다.

강릉 비행장에는 한국 공군의 무스탕 전대가 배치돼 있었다. 동해상에 미 7함대 제5순양함대 소속의 순양함과 구축함이 부족한 제1군단의 화력을 보강해 주고 있었다. 제1군단은 1951년 5월 들어 38선 이북의 유일한 부대로서 전선의 최북단에서 설악산을 무대로 치열한 공방전을 벌였다. 한편 유엔군은 중공군 5차 공세(1차 춘계 공세)를 저지했으나 전선은 문산, 의정부, 춘천을 빼앗긴 채 양평~홍천~인제의 선에 형성됐다.

5월 들어 동부 전선에 주어진 임무는 동해안의 간성에서 홍천에 이르는 도로를 장악하는 것이었다. 동부 전선의 형세가 안정되면 서부 전선에서 반격을 가해 38선을 회복하려는 것이 미 8군의 복안이었다. 이 무렵 중공군은 다시 중부 전선에 집결해 또 한차례의 춘계 대공세를 준비하고 있었다. 중공군의 6차 공세(2차 춘계 공세)는 서울이 아닌 동쪽을 노렸다. 5월 16

일 저녁 중공군은 인제 서남쪽 국군 제7사단과 제9사단의 협조점인 남전리에 첫 공격을 가했다. 이곳은 미 제10군단과 국군 제3군단과의 접점이기도 했다. 중공군은 제7사단을 일거에 돌파해 오마치 고개를 점령하면서 제3군단의 유일한 후방 보급로를 차단했다. 이 여파로 제3군단은 싸워보지도 못한 채 산으로 뿔뿔이 흩어지고 말았다.

미 제10군단은 예하의 미 제2사단의 동측방이 완전히 노출되자 미 8군에 즉각적인 증원군을 요청했다. 5월 18일 하룻동안 미 제10군단 및 미 제2사단 포병은 4만1000발 이상의 포격, 미 공군기는 165회의 근접 지원 출격으로 가까스로 중공군의 공세를 저지했다. 국군 제3군단의 급속한 와해로 국군 제1군단 역시 서측방이 노출됐다. 백선엽 군단장은 군단사령부를 다시 강릉에 설치하고 오대산에서 동해안에 이르는 전선에 수도사단과 제11사단을 배치했다. 경강도로까지 진출한 중공군은 대관령을 넘어 공군의 유일한 출격기지인 강릉비행장을 노릴 것이라 판단했다.

5월 21일 백선엽은 밴플리트 미 8군사령관으로부터 대관령에서 서북방으로 공격하라는 명령을 받았다. 백선엽은 군단 정예부대인 수도사단 제1연대를 대관령에 급파했다. 제1연대는 주야로 파도처럼 밀려오는 중공군을 물리쳤다. 적의 공세는 5월 23일을 고비로 수그러들었다. 제1군단은 이어 미 제3사단 및 미 제10군단과 호응해 북으로 반격해 올라갔다. 중공군은 서전의 성공에 고무돼 미 제10군단과 제1군단을 포위 섬멸코자 욕심을 부린 것이 화근이 되어 상당 기간 재기 불능의 타격을 입었다. 한편, 5월 25일경 밴플리트 미 8군사령관은 강릉의 K-18 공군기지에 날아와 정일권 총장에게 제3군단의 폐지를 통고했다. 이 여파로 6월 24일부로 정일권 총장이 물러나고 이종찬 소장이 육군참모총장에 임명됐다. 제3군단의 붕괴는 육군의 자존심에 치명타를 가했다. 이로써 국군의 군단은 백선엽 군단장이 지휘하는 제1군단만이 존속하게 됐다.

1951년 4월 중공군 5차 1단계 공세를 막기 위해 작전회의 중인 리지웨이 유엔군 총사령관, 밴플리트 미 8군 사령관, 윌리엄 호그 미 제9군단장(왼쪽부터). 무어 장군의 후임 호그 소장은 제2차 세계대전 소재의 영화 '레마겐의 철교(The Bridge At Remagen)'의 주인공이다. 실제로 그 철교를 점령했던 지휘관이다. 사진/조선일보

1951년 4월 11일 트루먼 대통령에게 해임당해 미 극동군 사령관 등 3개의 직함을 내려놓은 맥아더가 귀국해 뉴욕에서 카퍼레이드를 하고 있다. 옆에 빈센트 임펠리테리 뉴욕시장이 동승했다. 사진/NARA

브라이언트 무어 장군. 웨스트포인트 교장을 마치고 맥아더 사령부의 요청에 의해 1951년 1월 31일 한국전선에 제9군단장으로 부임했다.
무어 장군은 중공군의 4차 공세로 형성된 중동부 전선의 열세지역을 회복하고, 그 지역 내 적군을 포위 격멸하기 위해 다시 '킬러작전'에 참가했다.
그러나 2월 24일 정찰을 위해 탑승한 헬기가 여주 근처의 한강에 추락해 심장마비로 순직했다.
사진/Wikipedia

1951년 4월, 14년 만에 해외 근무를 마치고 미국에 귀환한 더글러스 맥아더 원수가 시카고 솔저 필드에서 5만 명의 군중에게 연설하고 있다. 솔저필드(Soldier Field)는 전쟁에서 전사한 미군을 기념하기 위해 1919년 경기장의 설계 공모를 시작으로 시카고 대화재의 53주년이 되는 1924년 그리스·로마의 건축양식을 도입한 수용인원 4만5000명 규모의 그랜트파크 스타디움이다.
사진/NARA

육군본부가 독자적으로 지휘하는 전선의 지상군 병력은 제1군단과 제3군단 등 2개 군단이 전부였다. 물론 전체적 작전계획은 8군사령부가 수립했고, 육군본부는 이에 따라 군단을 지휘했다. 강릉에는 육본 전방지휘소가 설치돼 이따금 정일권 총참모장이 이곳에 들렀고, 이준식 준장이 전방지휘소의 현지책임자로 상주하고 있다. 사진은 1951년 4월 하순 육군참모총장 정일권 중장이 동해안 제1군단을 방문한 모습. 사진/백선엽

1952년 4월 2일 위문공연을 관람 중인 국군의 모습. 사진/NARA

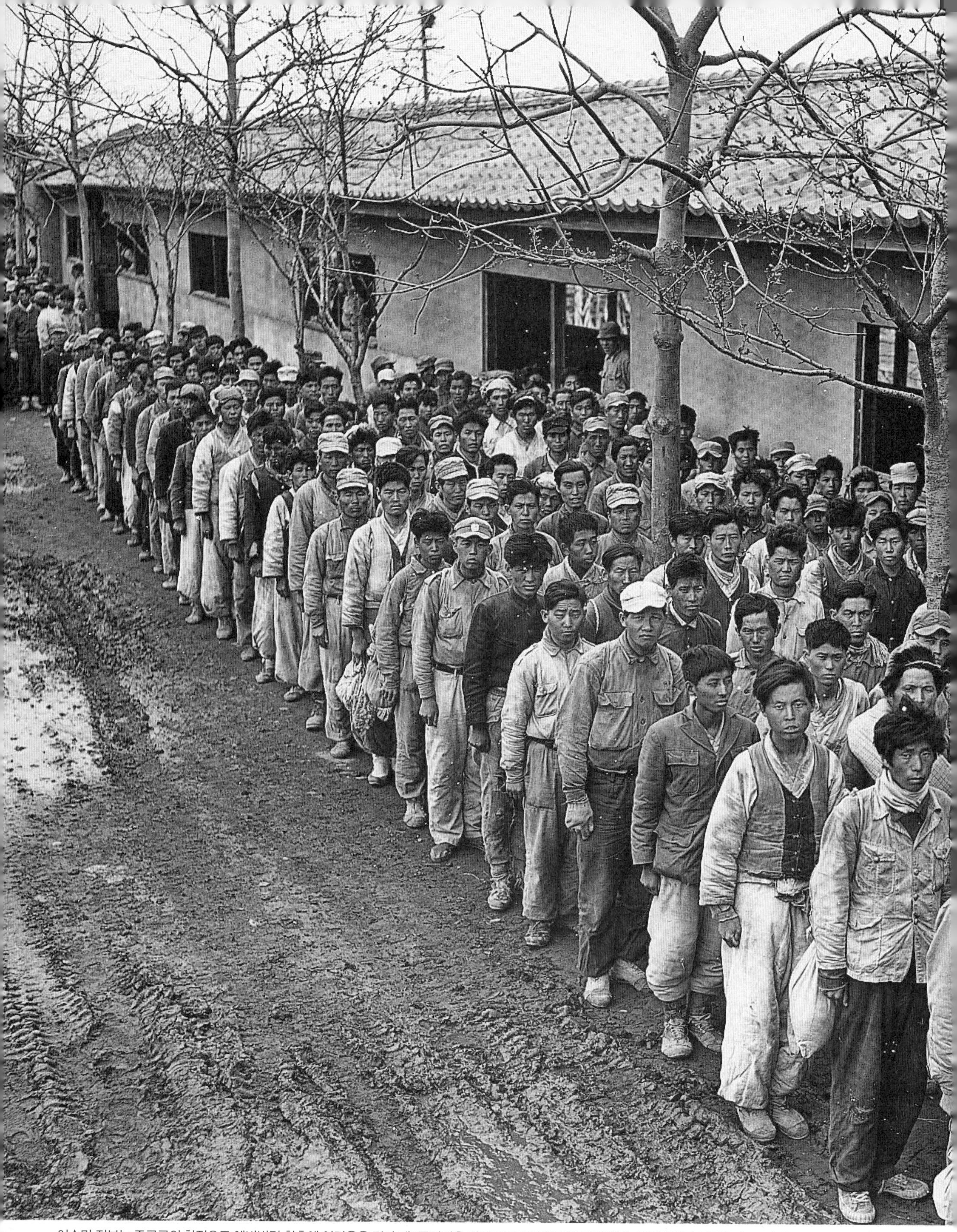

이승만 정부는 중공군의 참전으로 예비병력 확충에 어려움을 겪자 제2국민병을 편성해 국민방위군을 모병했다. 국민방위군 사건은 6·25전쟁 중 1951년 1월 1·4후퇴 때 국민방위군 고위 장교들이 국고금과 군수물자를 부정처분 착복해 1950년 12월부터 이듬해 2월까지 50만명의 징집 병사 가운데 아사자, 동사자, 병사자가 5~9만명이 발생했다. 1951년 봄 이 사건이 부산 국회에서 이철승 의원에 의해 폭로돼 신성모 국방부 장관이 물러났다. 진상규명 과정에서 이승만 대통령과 신성모 장관이 소극적이자 부통령 이시영이 실망해 사표를 제출했다. 사진은 국민방위군에 자원 입대한 장정들이 3~4일씩 굶어가며 걸어서 대구훈련소에 도착했다. 사진/조선일보

F-51 무스탕 전투기의 출격 준비 모습. 사진/공군본부

1951년 5월 미 공군의 B-26 폭격기 관리요원이 B-26이 기지를 출격하기 폭격과 기총소사 임무를 수행하기 위한 무장을 점검하고 있다. 폭격기 앞에 널어놓은 무장은 100파운드의 폭탄 28발, 네이팜탄(젤리형 가솔린) 4개 탱크, 캐리버 50 기관총탄 6000라운드 등이다. 사진/NARA

1950년 10월21일 청진항을 향해 함포사격을 하고 있는 미 해군 함정의 모습. 사진/NARA

연합군 폭격기에 파괴되는 평양의 대동강 철교. 대동강 철교는 처음엔 목교라서 수해로 끊어지는 등 문제가 발생하자 일제는 1909년 제1, 제2 철교를 준공했다. 1930년대 말 경부선과 경의선 복선화 공사를 시작하면서 일제는 노후화된 대동강 철교를 신설해 1942년 완공한다. 이 철교는 6·25전쟁 시기에 중공군이 개입하자 남하를 지연시키기 위해 유엔군 폭격기가 파괴했다. AP통신 종군기자 막스 데스포가 '대동강철교의 피란민' 사진으로 1951년 퓰리처상을 수상했다.
사진/조선일보

1951년 7월 30일 미 해군 전투기에서 내려다 본 파괴된 북한 지역 철교의 모습.
사진/NARA

1951년 4월 12일 백선엽 장군이 제1군단장 보직을 받는 동시에 소장 진급 신고를 위해 부산을 찾았다. 이승만 대통령이 백 장군 군복에 직접 소장 계급장을 달아주었다.
사진은 4월 15일 부산에서 신성모 국방부장관, 김활란 공보처장관과 함께 회식을 하기전 찍은 사진이다.
사진/백선엽

1951년 4월 15일 태극무공훈장(훈기 7호)를 수여받은 백선엽 장군. 백선엽 장군은 참모총장 시절인 1953년 4월 5일 금성태극무공훈장(훈기 86호)을 받으면서 태극무공훈장을 두 차례나 받는 영예를 얻었다.
사진/백선엽

1951년 5월 강릉 제1군단사령부에서 미군장교와 담소를 나누는 백선엽 제1군단장.
사진/백선엽

백선엽 제1군단장이 미국인 사진기자와 인터뷰하는 모습.
사진/백선엽

1951년 5월 제1군단 사령부 간부요원들과 함께한 군단장 백선엽 장군. 부임 당시 군단 참모진은 부군단장 장창국 준장, 참모장 최홍희 준장, 인사참모 김병온 대령, 정보참모 신재식 대령, 작전참모 공국진 대령, 군수참모 김영택 대령 등 육본에서 손꼽히는 인재들이 모여 있었다.
사진/백선엽

1951년 5월 신태영 국방부장관이 제1군단을 순시하며 중공군과 북한군으로부터 노획한 기관총을 살펴보고 있다.
사진/백선엽

1951년 3월 트루먼 대통령의 특사 자격으로 해병대 최전선을 방문한 해병대 프랭크 로우 소장이 해병대의 '플래시 레인지(flash range)' 장비를 살펴보고 있다. 찰스 키칭 해병 상사가 장비를 설명하고 있다.
사진/NARA

1951년 5월 9일 제1군단이 관할하는 강릉비행장을 찾은 정일권 참모총장(맨왼쪽). 그 옆으로 백선엽 제1군단장, 참모장 최홍희 준장, 전방지휘소 소장 이준식 준장. 강릉에는 육본 전방지휘소가 설치돼 이따금 정일권 총참모장이 들렀으며, 이준식 준장이 전방지휘소 현지 책임자로 상주하고 있었다. 사진/백선엽

1951년 9월 20일 수풀에서 기어나와 투항하고 있는 북한군 병사.
사진/NARA

1951년 인제지구 전투에서 중공군을 상대로 공격을 펼치는 제8사단 장병들. 사진/한동목, 육군

미 해병대의 HRS-1 시콜스키 헬기가 지상 가까이에서 선회하는 동안 해병대원이 12마일 떨어진 전방에 투입할 1000파운드 가량의 보급품을 헬기의 후크에 걸고 있다.
사진/NARA

1951년 1월 17일 미군 C-119 수송기가 물자를 투하하고 있는 모습.
사진/조선일보

1951년 5월 무렵, 한국 전선에서 미군의 주력전차로 활약한 M-26 퍼싱전차에 미 해병대원들이 타고 하천을 건너고 있다.
사진/NARA

1951년 5월경, C-54 스카이마스터 수송기가 보급품을 잔뜩 싣고 착륙하고 있다. 활주로 옆으로 보급품을 실어갈 군용트럭들이 줄지어 서 있다. 유엔군과 국군은 평양을 통해 북진하면서 파괴된 철도의 복구에 시간이 걸려 전쟁 물자의 보급에 애를 먹었다. 그런데 입석 비행장을 확보하면서 대형 쌍발 수송기로 식량, 피복, 유류, 탄약을 공수해 보급선을 유지할 수 있었다. 사진/NARA

1951년 11월 26일 미 제25사단 소속 전차부대가 적진을 향해 포격하고 있는 모습. 사진/NARA

1951년 8월 3일 미군들이 파괴된 임진강 철교를 대신해 강을 건널 수 있는 임진강 부교를 수리하고 있다. 유엔군 휴전회담 대표단이 개성 회담장으로 가려면 매일 이 다리를 지나야 했다. 사진/NARA

1951년 2월 미군들이 중공군 지역에 백린탄을 투하한 다음 적 지역을 관측하고 있다. 백린탄은 인의 동소체인 백린을 활용한 무기다. 백린은 산소에 닿으면 4000도의 열을 내며 연소하기 때문에 주변의 모든 것을 태운다. 불이 잘 붙고 연기가 나는 성질이 강하기 때문에 처음에는 조명탄 등으로 사용됐으나, 대량 살상을 위해 넓은 지역으로 탄을 흩뿌리는 방식으로 사용했다. 사진/NARA

1951년 9월 24일, 미 해병 1사단 병사들이 오두막집에 숨어있던 적 저격수를 제거한 후 휴식을 취하고 있다. 사진/NARA

1951년 2월 7일 영국군 제29여단 소속 로열 울스터 라이플(Royal Ulster Rifle) 대대가 스텐 경기관총들을 들고 진지에 투입되고 있다. 중공군 1차 춘계공세 때인 1951년 4월, 글로스터 대대는 4월 22일부터 나흘간 적성의 설마리 고지에 고립된 채 60시간 동안 전선을 사수해 6·25 전쟁사에서 가장 성공적인 고립방어전투의 대표적인 사례로 남았다. 설마리전투는 미 제1군단 주력부대가 안전하게 철수해 서울방어를 준비할 수 있도록 도왔다는 평가를 받고 있다. 사진/NARA

1951년 4월 7일 미 제25사단 병사들이 105mm 곡사포를 전진을 향해 발사하고 있다. 사진/NARA

글로스터 대대가 약 3만명에 달하는 중공군에 둘러싸여 일전을 벌였던 설마리 고지. 설마리 전투에서 글로스터 대대는 850여명의 대대원 중 장교 21명과 사병 509명이 포로가 되는 피해를 입었다. 설마리 전투에서 전쟁 포로가 된 글로스터 대대장 카니 중령은 혹독한 생활을 신앙의 힘으로 버텨냈다고 한다.
사진/Wikipedia

차를 마시는 영국군들. 영국군은 오후 4시에는 전투 중에도 꼭 홍차와 쿠키를 먹는 티타임을 갖는다. 포병은 티타임 중 사격을 일시 중지하기도 한다. 영국군은 방어전에 강했다. 신속한 기동력과 적당한 크기의 부대규모 때문에 항상 교두보 방어에 기용됐다. 청천강에서, 또 1·4후퇴시 한강에서, 그리고 적성에서처럼 영국군은 위급한 전선에서 임무를 완수했다.
사진/NARA

1951년 4월 4일 북한강을 도하하는 미 제25사단 병사들. 리지웨이는 '리퍼작전'에서 15만명의 병력을 동원해 국군 제1사단과 미 제25사단에게 양동작전 임무를 부여하며 서울을 우회하는 방식으로 재탈환했다.
사진/NARA

1951년 5월 23일 미 해병대원들이 가리산에서 부상당한 동료들을 헬기로 이송하고 있다. 다른 해병대원들은 부상당한 또다른 해병대원 3명의 후송을 준비하고 있다. 사진/NARA

1957년 7월경 세 명의 해병대 공지 연락장병들이 미 전술기들의 적 진지 타격을 유도하고 있다. 사진/NARA

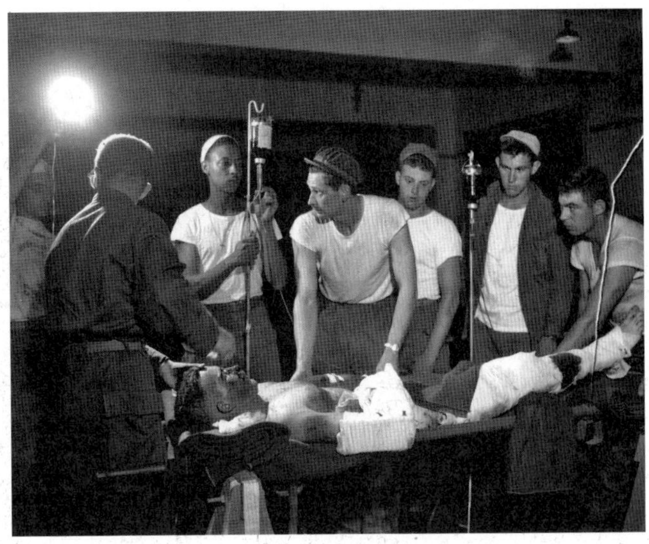

1951년 8월 17일 서울 영등포에 있는 제121후송병원에서 중상을 입은 제116공병대 소속 병사가 수술을 대기하고 있다. 사진/NARA

1950년 9월 10일 전선으로 이동한 영국군 제29여단 장병들이 임무교대를 하며 미군들에게 환대를 받고 있다. 영국군은 2개 여단이 전쟁에 참전했다. 먼저 혼성부대인 영연방 제27여단이 홍콩에서 내한했고, 영국 본토에서 제29여단이 뒤이어 도착했다. 1951년 7월에는 영국군을 중심으로 호주, 뉴질랜드, 캐나다 등 영연방국가들이 '영연방 제1사단'을 창설한다. 하나의 사단에 여러나라의 부대로 결성된 전사상 유례없는 부대가 탄생하게 된 것이다. 사진/NARA

전선으로 올라가는 미군과 피란가는 피난민의 행렬이 묘한 대조를 이룬다. 사진/NARA

탈진한 기색이 역력한 미군 포로. 사진/LIFE

1951년 6월 25일 이승만 대통령과 정부 인사들이 부산에서 열린 6·25전쟁 1주년 기념식에 참석했다. 사진/NARA

미군 포로들이 폭파된 한강 인도교 옆에 임시 가교를 긴 행렬을 지어 북쪽 지역으로 걸어가고 있다. 사진/LIFE

경기도 파주 문산리의 한 가옥에서 국군 하사관이 식사를 하고 있다. 앞에 놓인 것은 일본에서 제작해 온 군용 전투식량이다. 1951년 7월 17일. 사진/NARA

금화지구에서 미 제25사단 제24연대 미군 병사들이 중공군과의 전투에 앞서 아침 식사를 위해 배식을 받고 있다. 1951년 10월 11일. 사진/NARA

장병들의 식사를 준비하고 있는 국군 취사병. 밥솥과 국을 끓이기 위한 대형 무쇠솥이 보인다. 전쟁 중 부대가 주둔하고 있으면 솥을 걸어놓고 식사를 준비했다. 1952년 3월 3일. 사진/NARA

에티오피아는 유엔군에 지상군을 파병한 유일한 아프리카 국가다.
사진은 1951년경 에티오피아 병사들이 진지에서 미군 레이션으로 식사를 하는 모습. 사진/NARA

미 공군 비행기로 전선을 저공비행하며 확성기로 중공군을 상대로 심리전을 펼쳤던 한 여성이 작전을 마치고 거울을 보며 립스틱을 바르고 있다.
사진/AP

제1군단사령부를 방문한 이승만 대통령이 장병들에게 훈시하고 있다.
뒤로 무초 주한 미대사와 백선엽 군단장, 오른쪽으로 정일권 참모총장이 보인다.
사진/백선엽

1951년 5월 9일 이승만 대통령과 무초 주한 미 대사 일행이 강릉에 있는 제1군단 사령부를 방문했다. 사진/백선엽

제1군단사령부를 방문한 이승만 대통령. 왼쪽부터 정일권 육군참모총장, 이기붕 국방부장관, 이 대통령, 백선엽 제1군단장. 1951년 5월 9일.
사진/백선엽

밴플리트 8군사령관이 백선엽 제1군단장에게 이야기를 하고 있다. 이승만 대통령과 이기붕 국방부장관, 무초 주한 미 대사가 듣고 있다. 1951년 4월 중공군 춘계공세 때의 사진이다. 밴플리트는 리지웨이와 달리 서울은 프랑스 파리나 그리스의 아테네처럼 중시돼야 한다고 강조하면서 서울 사수 원칙을 지켰다.
사진/백선엽

출동 대기하고 있는 제1군단 트럭들. 1951년 5월 20일. 사진/백선엽

1951년 5월 12일 백선엽 제1군단장이 강원도 양양에서 미 제1사단 선임고문관 록크웰 대령에게 미 수훈훈장을 수여하는 모습. 백 장군은 다부동 전투를 마치고 과음하는 성향이 있는 로크웰 중령을 교체해 줄 것을 정일권 참모총장에게 건의했고, 군사고문단장 프란시스 파렐 준장은 로크웰 중령을 전보시키고 헤이즈레트 중령을 제1사단으로 보낸 적이 있다. 사진/백선엽

1951년 5월 28일 속초 제1군단사령부에서 참모들과 함께 한 백선엽 제1군단장. 왼쪽이 부군단장 장창국 준장으로 보인다. 사진/백선엽

제5순양함대 기함 로스엔젤레스호 식당에서 백선엽 군단장이 식사 전 승무원들과 기념촬영을 했다. 사진/백선엽

제1군단은 수도사단이 좌익, 제11사단이 우익에 배치돼
전선의 최북단에서 진격을 리드했다. 미 해군은 원산 앞바다까지 진출해 제해권을
장악하고 제공권도 장악하고 있어 동부전선에서 더 큰 전과를 기대할 수 있었다.
1951년 6월 백선엽 군단장이 미 순양함 로스엔젤레스호를 방문했다.
맨 앞이 제3사단장 백남권 준장, 가운데가 알레이 버크 제독, 백선엽 장군.
백 준장은 밴플리트에 의해 해체된 제3군단 제3사단 사단장으로 제1군에 배속돼
사단 재건 중이었다.
사진/백선엽

1951년 6월 백선엽 군단장이 순양함 로스엔젤레스호에서 제5순양함대 사령관 알레이 버크 제독과
이야기를 나누고 있다. 맨 오른쪽이 제1군단 군사고문관 로저스 대령이다. 버크 제독은 태평양전쟁 때
솔로몬해전에서 구축함대를 지휘했고, 미첼 제독의 참모장을 역임한 유능한 해군지휘관이었다.
버크 제독은 1949년 'B-36 폭격기가 있으면 항공모함이 필요없다'는 존슨 당시 국방장관의 주장에 버크
제독이 주도로 반기를 들었고, 소위 이 '제독의 반란(Admiral Revolt)' 사건으로 미 극동해군에 좌천돼 있던
중 6·25전쟁을 맞았다. 그는 전쟁 직후 1953년 아이젠하워 대통령 시절 소장에서 대장으로 전격 승진해
50여명의 선임자를 제치고 해군참모총장에 임명돼 6년간 재임했다. 미 해군은 버크 제독이 생존했을 때 신형
이지스형 구축함에 'R.E.버크'라는 함명을 부여해 그를 칭송했다.
사진/백선엽

1951년 6월 미 전함 로스엔젤레스호를 방문한 제1군단장 백선엽 장군을 영접하는 알레이 버크 제독. 당시 동해상에는 미 7함대 소속의 제5순양함대가 배치돼 있었다. 알레이 버크 제독(소장)이 지휘하는 이 함대는 순양함 로스앤젤레스호를 기함으로 미 해군의 순양함과 구축함에 캐나다 해군 구축함 2척이 가세하고 있었다. 때로는 미주리호, 뉴저지호, 아이다호 등 전함이 가담해 교대로 함포사격을 지원했다.
사진/백선엽

1951년 6월 12일 정일권 참모총장이 속초의 제1군단사령부를 방문해 백선엽 장군과 이야기를 나누고 있다.
사진/백선엽

1951년 6월 제1군단사령부를 방문한 이승만 대통령이 백선엽 군단장의 안내를 받고 있다.
사진/백선엽

백선엽 제1군단장이 군단 인근 주민들과 대화를 나누고 있다. 1951년 6월 15일.
사진/백선엽

1951년 7월 제1군단장 백선엽 장군이 사창리에 있는 미 9군단에 배속된 '청성부대' 국군 제6사단(사단장 장도영 준장)을 방문했다.
사진/백선엽

제1군단을 방문한 이기붕 국방부장관. 앞줄 왼쪽에서 두 번째가 송요찬 수도사단장, 세 번째가 재편된 제2사단장 김웅수 준장. 오른쪽에서 두 번째가 백선엽 군단장이다.
사진/백선엽

한국군 집중훈련. 제2차 세계대전 종전 후 그리스군을 재건한 경력이 있는 밴플리트는 1951년 7월 야전훈련사령부를 설치해 미 제9군단 부군단장 토마스 크로스 준장을 책임자로 훈련경력자 150여명의 미군장교와 하사관이 훈련을 담당했다. 속초 남쪽에 훈련장을 마련해 국군 제3사단부터 9주 코스의 훈련에 사단장 이하 전 장병이 훈련에 참가했다. 국군 제3사단은 미 제10군단에 편입돼 전선에 투입됐다. 이듬해 말까지 국군 10개 사단이 모두 훈련을 마쳤다. 이 훈련이 오늘날 육군의 뿌리를 튼튼히 했다.
사진/백선엽

1952년 10월 12일 미키 루니(Mickey Rooney)와 그의 공연단원들이 미군 병사들에게 식사 배식을 해주고 있다. 오른쪽부터 딕 윈슬로우, 미키 루니, 디나 프린스, 앨리스 티렐, 레드 배리. 사진/U.S Army

1951년 6월 9일 미 제92공병대 서치라이트 중대원들이 강원 홍천에서 열린 카멜 캐러밴 버라이어티쇼(Camel Caravan variety show)에서 요들러 엘튼 브릿(Yodeler Elton Britt)에게 라이트를 비추고 있다. 사진/U.S Army

1952년 3월, 2군단 창설을 위해 춘천의 미 제9군단에 모인 한미연합 장성들이다. 왼쪽부터 제9군단 참모장, 백선엽 중장(1952년 1월 12일 진급), 밴 플리트 8군사령관, 리지웨이 유엔군사령관(중앙), 9군단장 와이만 장군. 사진/백선엽

1951년 12월 14일 강원 금성 지구에 모인 미주리주 출신 미군 병사들이 새해 인사가 적힌 글자판을 들고 있다. 사진/조선일보

1951년 7월 초 백선엽 제1군단장은 이종찬 육군참모총장으로부터 휴전회담의 한국측 대표가 됐다는 연락을 받았다. 밴플리트 8군사령관이 전날 간성의 군단사령부로 찾아와 휴전회담 이야기와 중국어가 가능하냐는 확인을 하고 돌아간 직후였다. 7월 8일 경비행기로 날아가 이승만 대통령에게 신고하고, 1951년 7월 10일 개성에서 열린 제1차 회의부터 참석했다. 정부나 유엔군 측으로부터 임명장도 없이 구두 명령만 받고 단신으로 찾아갔다.

휴전회담은 소련이 제의하고 미국이 동의하는 형식으로 이뤄졌다. 소련은 유엔 주재 소련 대표 제이콥 말리크의 미 CBS방송을 통해 1951년 6월 23일 원산항의 덴마크 병원선 유틀란디아 선상에서 휴전협상을 제의하였고, 중공은 7월 1일 북경방송을 통해 회담장을 개성으로 하도록 수정제의했다.

문산 동편 개울가 사과밭에는 휴전회담 관련 요원들이 기거할 천막촌이 '평화촌(Peace Camp)'란 이름으로 차려져 있었다. 회담은 1951년 7월 8일 개성에서 쌍방의 연락장교회의를 통해 절차문제를 합의한 후 7월 10일부터 개성시 고려동 내봉장에서 본회의가 개최됐다.

이날 쌍방 대표의 상견례에 이어 7월 11일부터 본격적인 휴전회담이 시작되었다. 유엔측 회담 대표는 미 극동해군 사령관 터너 조이 중장을 수석으로 미8군 참모부장 행크 호디스 소장, 미극동공군 부사령관 로렌스 크레이기 소장, 미 극동해군 참모부장 알레이 버크 소장, 국군으로는 백선엽 제1군단장이었다. 공산측은 북한군 남일 총참모장(중장)을 수석으로 이상조 소장, 장평산 소장과 중공측의 덩화 부사령관, 셰황 참모장 겸 정치위원으로 구성됐다. 조이와 남일이 중앙에 대좌했고 조이의 오른쪽에 앉은 백선엽은 이상조와 대좌했다. 사용언어는 한국어, 영어, 중국어를 번갈아 통역했다.

유엔군 조이 제독은 첫날 회의에서 회담이 계속되는 동안 전투는 계속된다고 했다. 그리고 휴전선 획정, 포로교환, 휴전의

chapter

2

아무도 바라지 않는 **휴전회담의 한국대표로**

시행과 보장을 위한 방안 등을 의제로 제안했다. 남일은 외국군 철수를 안건에 추가하자고 했으니 유엔군측은 외군 철수는 정치적 문제이므로 휴전회담에서 다룰 사안이 아니라고 일축했다.

휴전회담은 지리했고, 백선엽 대표는 자리에 앉아 마주 앉은 상대를 노려보는 것 뿐이었다. 북 이상조는 '제국주의자의 주구(走狗)는 상가집 개만도 못하다'는 메모를 적어 백선엽에게 도발하기도 했다. 유엔군측과 공산군측은 제2의제인 군사분계선 문제에 관해 먼저 논의했다. 1951년 7월 17일에 시작된 군사분계선 설정 협상은 현재의 접촉선을 군사분계선으로 하자는 유엔군측의 주장, 38도선을 군사분계선으로 설정해야 한다는 공산군측의 주장이 팽팽하게 맞서 회담이 교착됐다.

유엔군은 휴전회담이 개시된 이후 공산측이 회담에서 불성실하게 나오면 이에 대응해 공격을 강화했다. 유엔군은 그 일환으로 8월 18일부터 펀치볼 공격을 강화하고 있었다. 밴플리트는 동부전선의 요충, 철의 삼각지인 펀치볼을 꼭 탈환하려 마음먹었다. 휴전회담장에 있는 백선엽을 다시 1군단으로 호출했다. 적도 이곳에 6개 사단을 집결시키고 거점공사를 서둘러 요새화하고 있었다.

8월 18일 국군 제1군단과 미 제10군단이 펀치볼을 포위하는 공격에 들어갔다. 많은 사상자가 나자 백선엽은 밴플리트 사령관에게 155mm포 지원을 요청했다. 공중지원까지 가세했다. 열흘을 끌던 혈투는 단숨에 끝장이 났다. 제1군단은 펀치볼을 감제할 고지를 모두 확보했다. 리지웨이와 밴플리트는 백선엽을 평화촌이 아닌 전선에 복귀시켜 전투에 전념토록 했다. 백선엽은 후임 이형근 장군과 인수인계 절차도 없이 전선에 복귀했다. 휴전회담은 백선엽이 평화촌을 떠난 지 약 2년 후인 1953년 7월 27일 조인돼 참모총장으로 휴전을 맞게 된다.

1951년 7월 8일 휴전회담 개최를 논의하기 위해 유엔군측 회담 준비팀이 헬기로 개성을 향해 문산을 출발했다. 사진/백선엽

개성에 도착해 공산측 대표와 논의하고 있는 휴전회담 준비팀. 아군측은 연락관, 언더우드 대위, 영어통역관 이수영 중령이고, 공산측은 여성 중국 통역관, 중공측과 북측 연락관이 나왔다. 1951년 7월 8일. 사진/백선엽

1951년 7월 10일 휴전회담을 위해 개성으로 향하기 전 헬리콥터 앞에 선 휴전회담 대표들. 왼쪽에서부터 알레이 버크 제독, 로렌스 크레이기 공군 소장, 백선엽 소장, 터너 조이 해군 중장(수석대표), 대표들을 전송하러 나온 리지웨이 유엔군사령관, 헨리 호디스 육군 소장. 사진/백선엽

1951년 7월 10일 문산 평화촌에서
휴전회담 대표자를 환송하는 리지웨이 장군.
리지웨이는 일행을 격려하며
"우리는 강대국이다. 위신을 세워
정정당당하게 임하라"고 했다.
사진/백선엽

휴전회담장에 도착한 유엔측 수석대표
터너 조이 제독이 백선엽 소장의 도움을
받아 헬기에서 내리고 있다.
사진/백선엽

북한군이 유엔측 대표들을 헬기 착륙장에서 개성 휴전예비회담 장소인 내봉장으로 지프를 태워가고 있다.
사진/백선엽

1951년 8월 1일 공산측 수석대표 총참모장 남일 중장이 회담을 마치고 러시아제 지프에 올라 출발하고 있다.
사진/NARA

1951년 10월 25일 공산측 대표 남일이 휴전회담차 판문점에 도착했다.
사진/조선일보

1951년 11월경 공산측 대표 이상조 북한군 소장(오른쪽 두 번째)이 판문점 회담장에 일찍 도착해 공산측 연락장교와 대화를 나누고 있다.
사진/NARA

개성의 유엔 휴전회담 대표자들의 집회장소인 인삼관(人蔘館). 일본의 건물을 개조한 식당으로 유엔 측의 전진기지 역할을 하는 장소로 지정됐다.
회담 대표들은 헬기로 인삼관 근처에 내려 육상으로 온 실무진과 합류해 다시 공산측 지프에 옮겨타고 내봉장으로 갔다. 1951년 7월 18일. 사진/백선엽

1951년 7월 16일 촬영한 개성 휴전회담장 건물. 개성 선죽교에서 멀지 않은 내봉장(來鳳莊)이라는 한옥 저택이다. 내봉장은 99칸의 한옥 저택이었으나, 폭격으로 일부가 파괴됐다. 본가의지붕에도 구멍이 나 있었다.
사진/백선엽

휴전회담 실무진들이 임진강 도하장을 통과해 트럭을 타고 판문점으로 향하고 있다. 회담 실무접촉을 담당하는 연락 장교단은 앤드류 키니 공군대령, 제임스 머레이 해병대 대령, 이수영 대령으로 구성했다. 미 기병사단 부단장인 레븐 앨런 준장이 공보를 담당했다. 1951년 7월 16일. 사진/NARA

휴전회담 대표를 제외한 회담 실무진들은 임진강의 도하장을 통해 판문점으로 갔다. 1951년 7월 15일. 사진/백선엽

유엔군측과 공산군 측이 회담하는 판문점을 하늘에서 본 풍경. 오른쪽 하늘 높이 띄어진 풍선은 이 지역이 중립지역이라는 표식이다. 사진/NARA

1951년 7월 11일 임진강 도하장 입구에서 휴전회담 실무진이 강을 건너는 것을 지켜보는 유엔군 사령관 리지웨이 장군. 사진/백선엽

개성의 휴전회담 장소인 내봉장 입구. 1951년 7월 11일. 사진/백선엽

중공측 휴전회담 대표들이 회담장 건물로 이동해 들어오고 있다. 1951년 7월 10일. 사진/백선엽

판문점 휴전회담장 모습. 조이 제독과 남일이 중앙에 대좌했고, 조이 제독의 오른쪽에 앉은 백선엽은 이상조와 마주보았다. 악수나 인사조차 없는 냉랭한 대면이었다. 각 5명씩 10명의 대표가 마주했으나 발언은 양측 수석대표만 할 수 있었다. 회담장 주변엔 공산측이 경비와 안내를 맡아 적진에 들어가 회담을 하는 분위기였다. 공산측은 탁자위의 깃발을 더 큰 것으로 세워놓고, 공산측만 보도하게 해 마치 자신들이 전승자인 양 무대를 꾸며놓았다.
사진/조선일보

1951년 7월 16일 개성 휴전회담장에서 도열해 있는 공산측 대표들.
회담 대표로 나섰던 남일은 1970년대에 의문의 교통사고로 세상을 떴다.
팔로군 출신 장평산은 김일성이 1950년대 주도한 연안파 숙청과정에서 사라지고 말았다. 1915년 부산 동래 출신으로 회담 현장에서 늘 험상궂은 얼굴로 도발을 일삼던 이상조의 말로도 편치 않았다. 그는 소련주재 대사를 맡다가 소련에 망명해 말년에 벨라루스의 한 대학연구소에서 일본어를 가르치며 보냈다. 그는 몇차례 한국을 방문했고, 서울 시내 모 호텔에서 백선엽 장군과 두 차례 만났다.
주름이 늘었으나 편해보였다고 한다. 사진/백선엽

1951년 7월 10일 평화촌에서 훈장을 수여받은 해병대 김성은 장군(국방부장관 역임)을 격려하는 백선엽 장군.
사진/백선엽

개성 회담장에서 휴전회담의 주요 의제 중 하나인 비무장지대 설정에 대해 호디스 소장, 브리그스 해군대령, 크레기 소장, 조이 제독과 토의하는 백선엽 장군. 1951년 7월 10일. 사진/백선엽

1951년 7월 11일 휴전회담 평화촌에서 외부 소식을 접하기 위해 신문을 읽는 백선엽 장군. 백 장군은 유엔측에서 첫 회담 직전 유엔측에서 작성한 대한민국 국호를 남한(South Korea)에서 대한민국(Republic of Korea)로 바꾸도록 요청해 관철시켰다.
사진/백선엽

문산 평화촌 귀빈식당에 들어가는 백선엽 장군. 1951년 7월 11일. 사진/백선엽

리지웨이 유엔군사령관도 회담 기간 내에 평화촌에 자주 들렀다. 귀빈식당에서 나오는 리지웨이. 회담장에서 휴전선 문제로 연일 줄다리기를 하고 있을 때 백선엽은 리지웨이에게 공산측의 38선 휴전선 논리에 맞서 평양~원산선을 휴전선으로 내세워야 한다고 주장했다. 그러나 리지웨이는 그 선까지 진출하자면 아군은 많은 희생자를 내야 한다고 난색을 표시했다.
사진/백선엽

1951년 7월 11일 손원일 해군참모총장이 미 공로훈장을 받은 것을 기념해 함께 촬영했다.
좌로부터 백선엽 장군, 조이 제독, 손원일 해군참모총장, 알레이 버크 제독, 해군 대령.
사진/백선엽

1951년 7월 12일 휴전회담장으로 들어가려는 유엔군 특파원을 저지하는 공산군.
이 때문에 7월 12일부터 회담이 사흘간 결렬됐다. 자유세계에서 보도진이 없는
국제회담은 상상조차 할 수 없는 것이다. 공산측이 유엔측 보도진의 개성출입을
허용하면서 회담이 재개됐다. 사진/백선엽

1951년 8월 1일 개성 휴전회담 건물에서 사진을
교환하고 있는 공산측과 유엔측 사진기자들.
사진/백선엽

1951년 7월 15일 유엔군측 보도진 개성출입이 허용된 직후
개성에서 재개된 첫번째 회담에 참석한 호디스 장군과 버크 제독이
문산 평화촌으로 복귀하고 있다.
사진/백선엽

1951년 7월 16일 휴전회담 대표들과
함께한 백선엽 장군.
사진/백선엽

1951년 7월 16일 평화촌을 방문한 이기붕 국방부장관과 숙의하는 백선엽 장군.
이기붕 장관은 "우리 정부 입장으로는 중공군을 한반도에서 몰아내고 휴전을 해야지, 현 상태로는 반대다"라는 말을 남기고 떠났다. 사진/백선엽

1951년 7월 16일 문산 평화촌의 백선엽 장군 막사를 방문한 육군참모총장 이종찬 장군. 이 총장은 육당 최남선이 쓴 〈조선역사〉를 백선엽에게 주며 읽어보라고 했다. 우리나라가 과거 임진왜란과 병자호란을 겪으며 휴전회담과 유사한 강화(講和)를 해야 했던 역사가 있는 만큼 역사의식을 갖고 회담에 임하라는 충고였다.
사진/백선엽

휴전회담장에서 휴식을 취하는 회담 대표자들.
왼쪽부터 크레이기 공군소장,
백선엽 소장, 조이 해군중장, 호디스 육군소장, 알레이 버크 제독. 1951년 7월 16일. 사진/백선엽

1951년 7월 16일 평화촌 휴전회담 장소에 한국 대표인 백선엽 장군을 방문한 이기붕 국방부장관.
우로부터 백선엽 장군, 이기붕 국방부장관, 김정렬 공군참모총장, 이수영 대령, 김종평 정보국장. 사진/백선엽

1951년 7월 17일 개성에서 열리는 휴전회담 장소로 떠나는 대표자들.
뒷자리는 알레이 버크 제독, 백선엽 장군, 호디스 장군. 사진/백선엽

휴전회담 장소로 가는 유엔대표들. 1951년 7월 18일. 사진/백선엽

1951년 7월 18일 제1군단장 백선엽 장군이 문산에서 개성으로 헬리콥터를 타고 떠나려는 중 사진장교 프랭크 윈슬로우 중위와 기념촬영 했다.
사진/백선엽

1951년 7월 18일 회담 중 휴식을 취하고 있는 유엔군 대표자들. 알레이 버크 제독과 백선엽 장군.
사진/백선엽

휴식을 마치고 회담장으로 향하는 유엔군 대표자들. 1951년 7월 18일.
사진/백선엽

1951년 10월 11일 판문점 휴전 회담 당시 미 해병대 제임스 머레이 대령과 북한 장춘산 대령이 현재 전투중인 경계선을 따라 군사분계선의 남북 경계를 표시한 초기 지도를 작성하고 있다.
사진/NARA

1951년 7월 13일 개성 휴전 회담장의 한 사무실에서 통화를 하고 있는 북한군 연락장교. 양측 대표는 회담 의제에 대한 재량권을 갖지 않았다. 대신, 유엔군측은 매일 회담의 진선사항을 워싱턴의 합동참모본부(JCS)와 동경의 유엔군사령부에 연락하고 본국 훈령을 지체없이 받을 수 있었다. 문산 평화촌에 첨단 통신차량이 배치됐기 때문이다. 그러나 공산군 측은 새로운 사안이 나올 때마다 휴회를 요청했고, 답변은 며칠이 걸려야 나왔다. 의제를 합의하는 데만 보름이 걸릴 정도였다. 사진/조선일보

1951년 7월 16일 개성 휴전회담장을 떠나는 공산군 측 대표들. 사진/조선일보

개성 휴전회담장의 공산군 측 연락장교들. 1951년 9월 19일. 사진/조선일보

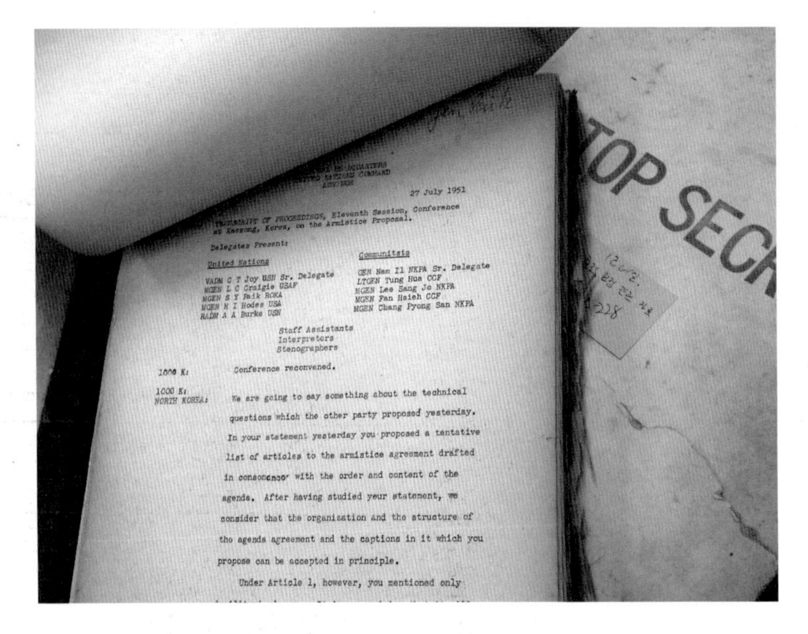

HEADQUARTERS
UNITED NATIONS COMMAND
ADV HQ

27 July 1951

TRANSCRIPT OF PROCEEDINGS, Eleventh Session, Conference at Kaesong, Korea, on the Armistice Proposal.

Delegates Present:

United Nations	Communitsts
VADM C T Joy USN Sr. Delegate	GEN Nam Il NKPA Sr. Delegate
MGEN L C Craigie USAF	LTGEN Tung Hua CCF
MGEN S Y Paik ROKA	MGEN Lee Sang Jo NKPA
MGEN H I Hodes USA	MGEN Fan Hsieh CCF
RADM A A Burke USN	MGEN Chang Pyong San NKPA

Staff Assistants
Interpreters
Stenographers

1000 K: Conference reconvened.

1000 K:
NORTH KOREA: We are going to say something about the technical questions which the other party proposed yesterday. In your statement yesterday you proposed a tentative list of articles to the armistice agreement drafted in consonance with the order and content of the agenda. After having studied your statement, we consider that the organization and the structure of the agenda agreement and the captions in it which you propose can be accepted in principle.

Under Article 1, however, you mentioned only

백선엽 장군이 1951년 제1군단장 시절, 휴전회담 대표로 참석해 남긴 비망록들. 휴전회담 관련 기록물로 당시 군사기밀 1급으로 분류된 것들이다. 연한 하늘색 가로선이 그려진 미군 공식 노트 400장 분량의 비망록은 1951년 7월 7일부터 8월 26일까지 50일간의 현장 기록이다. 2004년 4월 29일 백선엽 장군은 반세기 동안 소장했던 휴전협정 의정서 등 역사 기록물 836건을 육군본부에 기증했다. 사진/오동룡

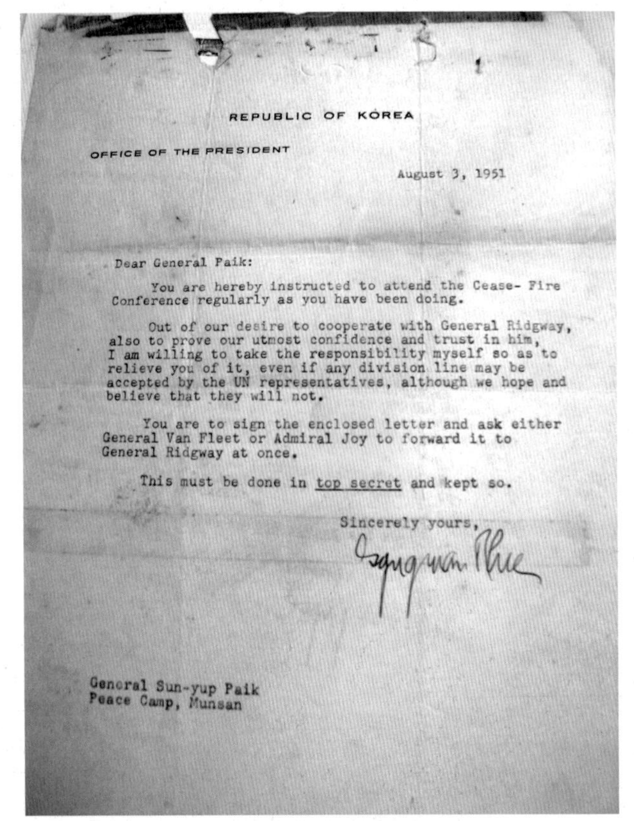

REPUBLIC OF KOREA

OFFICE OF THE PRESIDENT

August 3, 1951

Dear General Paik:

You are hereby instructed to attend the Cease- Fire Conference regularly as you have been doing.

Out of our desire to cooperate with General Ridgway, also to prove our utmost confidence and trust in him, I am willing to take the responsibility myself so as to relieve you of it, even if any division line may be accepted by the UN representatives, although we hope and believe that they will not.

You are to sign the enclosed letter and ask either General Van Fleet or Admiral Joy to forward it to General Ridgway at once.

This must be done in top secret and kept so.

Sincerely yours,

Syngman Rhee

General Sun-yup Paik
Peace Camp, Munsan

1951년 8월 3일자 이승만 대통령의 영문 친서. 백선엽 장군의 휴전회담 대표 복귀를 요청한 리지웨이 유엔군 사령관의 요청에 대한 이 대통령의 답신이다. 1951년 8월 3일 오후 9시, 이기붕 국방부장관이 평화촌으로 백선엽 장군을 찾아 이 친서를 전달했다.
〈친애하는 백 장군: 나는 유엔군 측이 우리를 분단하는 여하한 협정도 원하지 않으나 유엔군 측의 리지웨이 장군과 협력해 휴전회담에 계속 참석하기를 바란다. 비록 유엔 대표단이 군사분계선을 수용한다 할지라도, 나는 장군의 책임을 덜어 주기 위해 내 스스로 책임을 질 것입니다.〉 사진/오동룡

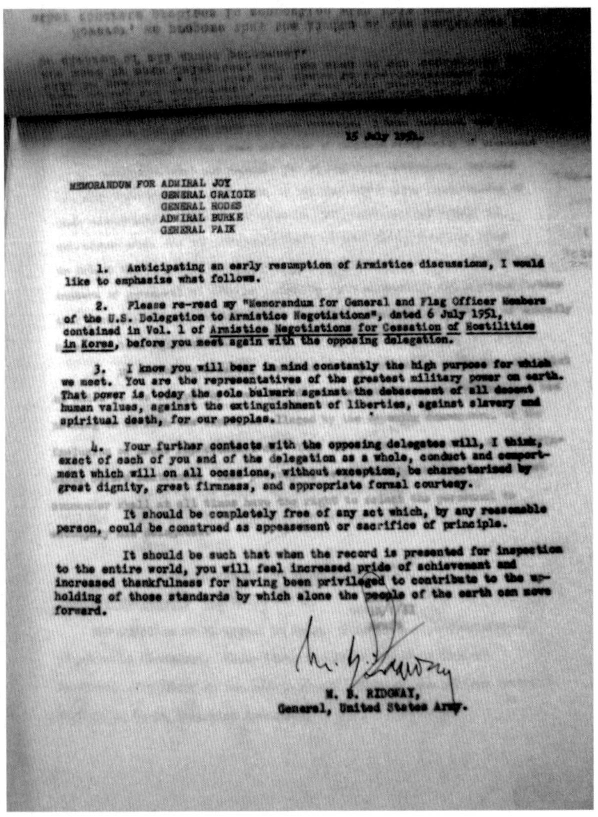

15 July 1951.

MEMORANDUM FOR ADMIRAL JOY
GENERAL CRAIGIE
GENERAL HODES
ADMIRAL BURKE
GENERAL PAIK

1. Anticipating an early resumption of Armistice discussions, I would like to emphasize what follows.

2. Please re-read my "Memorandum for General and Flag Officer Members of the U.S. Delegation to Armistice Negotiations", dated 6 July 1951, contained in Vol. 1 of Armistice Negotiations for Cessation of Hostilities in Korea, before you meet again with the opposing delegation.

3. I know you will bear in mind constantly the high purpose for which we meet. You are the representatives of the greatest military power on earth. That power is today the sole bulwark against the debasement of all decent human values, against the extinguishment of liberties, against slavery and spiritual death, for our peoples.

4. Your further contacts with the opposing delegates will, I think, exact of each of you and of the delegation as a whole, conduct and comportment which will on all occasions, without exception, be characterized by great dignity, great firmness, and appropriate formal courtesy.

It should be completely free of any act which, by any reasonable person, could be construed as appeasement or sacrifice of principle.

It should be such that when the record is presented for inspection to the entire world, you will feel increased pride of achievement and increased thankfulness for having been privileged to contribute to the upholding of those standards by which alone the people of the earth can move forward.

M. B. RIDGWAY,
General, United States Army.

1951년 7월 10일 오전 11시, 전 세계가 주시하는 가운데 휴전회담이 개막됐다. 이날 아침, 리지웨이 유엔군 사령관은 회담 대표들에게 "우리는 강대국이다. 위신을 세워 정정당당하게 임하라"라고 격려했다. 7월 15일 서한에서도 리지웨이 사령관은 "여러분은 지구상에서 가장 강력한 군사력의 대표로서 고귀한 인간적 가치의 훼손에 대항하는 최후의 보루가 돼야 한다"면서 "공산군 측과의 회담에서 회유당하거나 원칙을 희생하지 말라"고 강조했다. 사진/오동룡

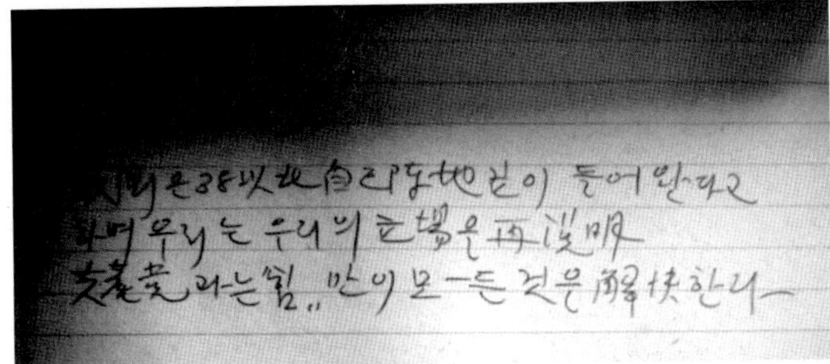

1951년 8월 3일 공산군 측은 세 시간여에 걸친 회담에서 "누구를 침략자로 보는가"라며 정치적인 질문을 꺼내며 유엔군 측에 욕설을 퍼부었다. 백선엽은 비망록에서 '저들이 하는 꼴을 보면 회담이고 뭐고 어서 전쟁을 하는 편이 낫겠다'고 적었다. 사진은 8월 2일 회담에서 공산군 측이 유엔군 측이 주장하는 군사분계선이 자신들의 진지 깊숙한 지점까지 들어왔다고 주장한다는 내용을 적고, '공산당과의 협상에서는 힘만이 모든 것을 해결한다'고 했다. 평양사범을 졸업한 그는 평소의 메모 습관을 살려 회담 현장을 생중계하듯 기록했다. 누렇게 바랜 비망록은 한 장 한 장 넘길 때마다 먼지가 날렸지만, 회담 당시 양측 대표의 긴박한 설전이 그대로 살아 숨 쉬는 듯했다. 사진/오동룡

1951년 8월 18일 백선엽 제1군단장은 이승만 대통령과 면담, 회담 진행상황에 대해 설명했다. 이 대통령은 "지금까지 잘해 왔다"라고 백 장군을 치하했다. 이튿날 백선엽은 유엔군 측 대표단과 함께 오후 1시30분 김포공항을 출발, 오후 5시 하네다 공항에 도착한다. 그때의 메모다.
〈최초의 일본 여행이다. 내 나라가 있기 때문에 이번 여행도 할 수 있으며, 국가 없는 민족은 노예와 별 차이가 없다. 국가는 반드시 가져야겠다. 제국호텔에 머물렀다. 제2차 세계대전 후의 일본의 재건을 보며, 우리도 합심 협력해서 전후 재건에 매진하여야 되겠다. 주일대사 신성모 각하와 대면해서 구정(舊情)을 나누며 현 시국에 관해 의견을 교환했다. 모처럼 회담장에서의 설전을 벗어나 동경 시내를 홀가분한 마음으로 대사관 비서와 같이 산보했다.〉 사진/오동룡

1951년 7월 27일, 북진통일을 주장하던 이승만 대통령은 38선 획정이 임박한 것을 깨닫자 신경이 극도로 날카로워졌다. 작전상 리지웨이 사령관의 명령을 받아야 하고, 군 통수권자인 이 대통령의 명령을 무시할 수 없는 백선엽 장군은 난감해졌다. 백 장군이 수석대표 조이 제독에 휴전회담 불참을 통보하자 조이 제독은 "적에게 자중지란에 빠진 것으로 비치지 않겠느냐"라며 "이 결과로 남한이 유엔의, 특히 미국의 원조를 잃을지도 모른다"고 말하고 있다. 백 장군이 조이 제독과 휴전회담 참석을 둘러싸고 한 시간 이상 격론을 벌인 내용을 메모한 것이다. 사진/오동룡

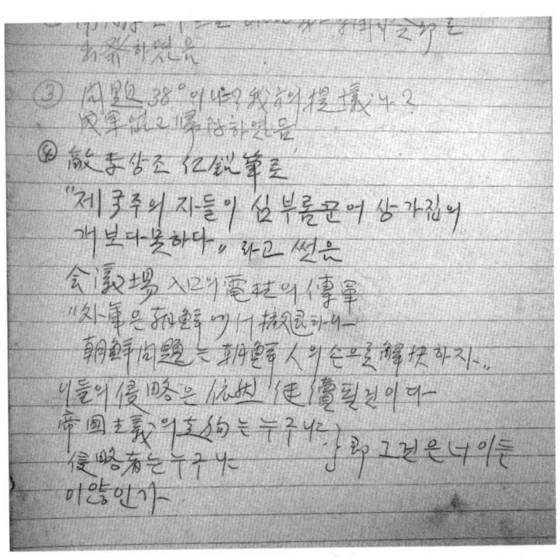

8월 15일, 제25차 회의에서 양측이 한 시간 가까이 아무 말 없이 대좌하고 있던 도중, 공산 측 대표 이상조가 돌출행동을 했다. 공산군 측 이상조가 빨간 색연필로 낙서한 쪽지를 마주하고 있던 백선엽에게 슬쩍 비추어 보였다. '제국주의자들의 심부름꾼은 상갓집의 개보다 못하다'는 내용이었다. 회의장 입구 전주(電柱)에 붙은 전단에도 '외군(外軍)은 조선에서 철퇴하라. 조선 문제는 조선인의 손으로 해결하자'는 문구가 보였다. 백선엽은 '이들이 말하는 제국주의의 주구(走狗)는 누구냐, 침략자는 누구냐, 그것은 너희들 아닌가'라고 적었다. 사진/오동룡

휴전회담 전진기지인 평화촌에서 생각에 잠겨 있는 백선엽 장군. 사진/백선엽

휴전회담장의 평화촌에서 미 8군 참모부장 행크 호디스 소장. 1951년 7월 22일. 사진/백선엽

호디스 장군과 비무장지대 설정에 대해 토의하고 있는 백선엽 장군. 1951년 7월 22일. 사진/백선엽

미 극동공군 부사령관 크레기 소장(오른쪽)이 참모(왼쪽)와 이야기를 나누고 있다. 1951년 7월 22일. 사진/백선엽

호레이스 언더우드 미 해군 대위로부터 휴전회담에 대한 보고를 받고 있는 한국 대표 백선엽 장군. 가운데는 통역을 담당한 이수영 중령이다. 1951년 7월 22일. 사진/백선엽

휴전회담 수석대표인 터너 조이 제독이 평화촌에서 휴전협정 의제에 대해 리지웨이 유엔군사령관과 논의하고 있다. 사진/NARA

백선엽 장군이 문산 평화촌에서 판문점 회담장까지 회담 대표들을 헬기로 실어나르는 조종사(가운데)와 촬영했다. 사진/백선엽

백선엽 휴전측 한국측 대표가 터너 조이 유엔군측 휴전회담 수석대표에게 이야기를 건네고 있다. 백선엽은 조이 수석 대표에서 한국 정부가 반대하는 휴전회담에 자신이 한국측을 대표해서 계속 회담장에 앉아 있기 어렵다며 입장을 이야기했다. 조이 제독은 "전세계가 주목하는 회담에 유엔측 대표단 내부에 불화가 있는 것처럼 비춰지면 곤란하다"며 리지웨이 유엔군 사령관에게 보고하겠다고 했다. 1951년 7월 22일. 사진/백선엽

개성 휴전회담장에서 회담을 마치고 떠나는 공산군 측 장교들. 1951년 7월 11일. 사진/조선일보

1951년 11월 9일 휴전회담 중 유엔군 소속 도널드 피커츠 일병과 공산군 소속 병사가 나란히 휴식을 취하고 있는 모습이 이채롭다. 사진/국사편찬위원회

제1군단 예하 수도사단의 송요찬 사단장(오른쪽)과 군단 작전에 대해 숙의하는 백선엽 1군단장. 이 시기 밴플리트 8군사령관은 동부전선 철의삼각지인 펀치볼 지구를 탈환하기 위해 백선엽을 다시 제1군단으로 복귀시켰다. 1951년 9월. 사진/백선엽

1951년 5월 동해안 강릉 제1군단사령부에서 모처럼 한국군 수뇌부가 모였다. 제1군단장 백선엽 장군, 우측으로 정일권 참모총장, 유재흥 제3군단장, 이준식 전방지휘소장. 사진/백선엽

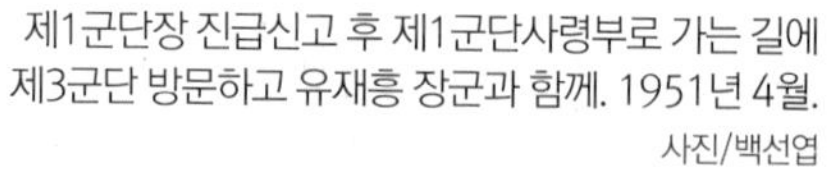

제1군단장 진급신고 후 제1군단사령부로 가는 길에 제3군단 방문하고 유재흥 장군과 함께. 1951년 4월. 사진/백선엽

편치볼 부근을 시찰한 유엔군 수뇌부. 좌로부터 콜린스(Collins) 대장, 리지웨이 대장, 밴플리트 대장, 미 제10군단장 클로비스 바이어스 소장, 백선엽 소장. 1951년 10월 5일. 사진/백선엽

1951년 10월 5일 동해안 관벌리에 있는 국군 제1군단사령부를 방문한 미 육군참모총장 콜린즈 대장 일행에게 전황을 설명하는 백선엽 제1군단장. 좌로부터 리지웨이 대장, 콜린스 대장, 밴플리트 대장. 사진/백선엽

1951년 10월 5일 동해안에서 정일권 참모총장과 대화를 나누는 제1군단장 백선엽 장군. 사진/백선엽

1950년 10월 1일 제1군단사령부 앞에서 제11사단장 오덕준 준장과 함께 했다. 오 준장은 학병 출신으로 일본군에 입대해 히로시마에 주둔하던 중 원폭 투하를 당했으나 요행히 살아남은 인물이다. 그는 원폭 투하 순간 화장실 안에 있어 몸의 반쪽이 원폭의 섬광에 쬐어 피부에 화상 흔적이 있다고 한다.
사진/백선엽

제1군단장 시절인 1951년 10월 1일, 신성모 국방부장관 자제를 만났다.
사진/백선엽

1951년 10월 17일 양양 북방에서 백선엽
제1군단장이 미 8군 통신감 게스트 준장(왼쪽),
유엔군 사령부 통신감 하몬드 준장(오른쪽)과
팔짱을 끼고 사진을 찍었다.
사진/백선엽

1951년 11월 미 제10고사포단을 방문한
제1군단장 백선엽 장군.
사진/백선엽

1951년 11월 미 제10고사포단을 방문한
제1군단장 백선엽 장군. 우측은
제2사단장 김응수 장군.
사진/백선엽

1951년 11월 미 제10고사포단을 방문한 백선엽 제1군단장.
사진/백선엽

1951년 9월 하순 미 합참의장 오마르 브래들리 원수가 리지웨이 유엔군사령관과 함께 속초의 군단사령부를 방문했다. 브래들리 원수는 휴전회담에 임하는 미군의 정책방향을 결정하기 위해 한국을 찾은 것이었다.
사진/백선엽

미8군 참모부장 호디스 소장과 수석고문관 선임고문관 맥스필드 대령이 제1군단을 찾았다. 1951년 11월 1일.
사진/백선엽

1951년 11월 4일 백선엽 제1군단장이 수도사단 사령부를 찾았다. 좌로부터 군사고문단 선임고문관 맥스필드 대령, 백선엽 장군, 그리고 수도사단장 송요찬 장군.
사진/백선엽

1952년 경 이승만 대통령과 밴플리트 부처(夫妻)가 백인엽 장군의 제6사단 방문했다.
좌측으로부터 백인엽 제6사단장, 이승만 대통령, 헬렌 무어 밴 플리트, 밴플리트 사령관, 백선엽 장군. 사진/백선엽

백선엽 제1군단장은 1951년 11월 16일 지리산 일대의 공비를 소탕하는 토벌군 사령관에 임명됐다. 공비 토벌 부대의 명칭은 미 8군의 작전명령서에 따라 '백(白)야전 전투사령부(Task Force Paik)'로, 작전 명칭은 '쥐잡이(Operation Rat Killer)'로 명명됐다. 사령관의 성(姓)을 부대 이름으로 넣은 것은 전례 없는 일이었다. 지리산 공비 토벌 작전을 현지에서 수행해 오던 서남지구전투사령부(사령관 김용배 준장)와 각급 경찰부대가 백선엽의 지휘하에 들게 됐다.

'백야사'는 밴플리트 미 8군사령관의 지시였다. 전시에 최전선의 2개 사단을 뽑아 후방작전에 투입하는 것은 일대 모험이라 아니할 수 없다. 그만큼 공비는 골치 아픈 존재였다. 백선엽은 게릴라 소탕에 제1군단 예하 수도사단과 제8사단을 지명했다. 송요찬 준장의 수도사단은 전투 경험이 풍부했고, 최영희 준장의 제8사단은 그때까지 공비토벌 부대 중 가장 좋은 평가를 받고 있었다.

공비는 도처에 출몰하고 있었으나 그중에서도 지리산 일대는 이들의 심장부였다. 당시 적정은 이현상을 총사령관으로 하는 남부군단의 주력 지리산 일대에 출몰하는 것으로 파악됐다. 공비들의 주력은 낙동강 전선에서 패배한 북한 정규군이었고, 여기에 이남 각 지역의 남로당 조직과 여순반란사건 이래의 잔존 공비들이 가세하고 있었다.

백선엽 사령관은 약 200명의 장교와 하사관으로 사령부 편성을 완료하자 대전을 거쳐 전주로 이동했다. 수도사단은 속초에서 해군 LST편으로 해로를 따라 여수에 상륙, 북상했다. 제8사단 역시 펀치볼에서 차량편으로 대전을 거쳐 남하, 지리산을 포위하도록 전개했다. 11월 말 남원에서 운봉으로 가는 길목의 국민학교에 사령부를 설치했다. 동경에서 인쇄한 수백만 장의 투항 권유 전단도 공수됐다.

chapter 3

백야전투사령부의 공비토벌

치안국에서는 최치환 경무관이 치안국장을 대리한 연락관으로, 이성우, 신상묵 경찰 연대장이 작전을 돕기 위해 합류했다. 백선엽은 계엄선포에 따라 계엄사령관인 육군참모총장의 대행관으로서 행정기관 및 경찰을 지휘 통제할 수 있는 막강한 권한을 부여받고 있었다.

D데이 H아워는 12월 2일 아침 6시였다. 지리산을 포위한 3만여 병력이 산정을 향해 포위망을 좁혀 들어갔다. 작전은 토끼몰이와 같은 개념이었다. 정상까지의 소탕에는 1주일이 소요됐다. 12월 8일부터 각 부대는 공격했던 코스를 거슬러 산을 내려오며 경찰 부대가 퇴로를 차단한 가운데 포위망을 뚫고 달아나는 공비를 추격하며 토벌했다. 여기까지가 제1기 작전이다. 12월 19일부터 시작된 제2기 작전은 지리산 외곽의 거점을 소탕하는 것이었다. 이번에는 전주, 남원, 구례, 순천을 잇는 남북의 선을 중심으로 서쪽은 8사단, 동쪽은 수도사단이 담당토록 했다. 제2기 작전에서는 공비들의 저항이 현저히 약화된 것을 느낄 수 있었다. 마지막 단계인 제3기 작전은 해를 넘겨 1952년 1월 15일부터 시작됐다. 1개월 반의 토벌 작전으로 공비들의 조직은 붕괴되었고, 근거지도 파괴됐다. 1월 말 백 야전 전투 사령부의 지리산 공비토벌 작전은 사실상 막을 내렸다. 작전 기간 중 양 사단의 전과는 육본의 자료에는 사살 5800명, 포로 5700여 명으로 집계됐다.

한편 공비 토벌의 여파로 적지 않은 고아가 발생했다. 백선엽은 당시 이을식 전남지사의 도움을 얻어 송정리의 적산 가옥을 구해 백선엽 사령관과 참모들은 피어슨 박사의 도움으로 '백선육아원'을 세워 수많은 고아의 양육을 도왔다. 백 장군은 1988년 '백선육아원' 전재산을 '천주교 샬트르 성바오로 수녀회'에 기증하여 현재 '백선 바오로의 집'으로 운영되고 있다.

남한 빨치산의 총책임자인 이현상은 휴전 직후인 1953년 9월 지리산 빗점골에서 차일혁 총경이 지휘하는 서남지구전투경찰대사령부 제2연대에게 사살됐다. 이현상 사살 후 화개국민학교에서 제2연대 대원들이 찍은 사진. 1951년 11월 말부터 백선엽 장군의 백야전사령부가 작전을 전개하면서 빨치산들을 9000여명 사살하면서 빨치산들은 사실상 궤멸적 타격을 입었다.

사진/차일혁기념사업회

지리산 빨치산 토벌에 나선 '백 야전사령부'의 백선엽 장군(지휘봉 잡은 이)이 상황판을 보며 작전을 설명하는 모습.

사진/조선일보

백야전사령부의 포로수용소가 있었던 전북 남원에는 백선엽 장군과 최치환 경무관 공덕비가 있다. 송요찬 수도사단장이 경찰 간부들과 공덕비를 찾았다.
사진/조선일보

1952년 11월 빨치산 간호원으로 활동하다 붙잡힌 김봉숙이라는 여성이 전북 남원 외곽의 포로수용소에서 재판을 받고 있다. 당시 18세였던 이 여성은 전장에서 두 명의 국군 부상병을 정성껏 치료해준 일이 밝혀진 덕분에 정상이 참작돼 풀려났다.
사진/LIFE

백야전사령부의 지리산 빨치산 토벌작전에서 붙잡힌 빨치산 부상자들이 트럭에서 내리고 있다.
왼쪽에서 두 번째가 토벌대에 투입된 송요찬 수도사단장.
사진/조선일보

1951년 5월 10일 북한군 보급대가 있다고 알려진 한천의 한 마을에 B-26폭격기가 투하한 네이팜탄이 작렬하고 있다. 지역주민들은 공비들의 '보급투쟁'의 대상이었고, 군경은 공비에게 협력한 주민에게 보복하는 악순환이 이어져 왔다. 사진/조선일보

백선엽 장군이 참모총장 시절 전남 보성군 문덕면 한천부락을 찾았다. 1951년 12월 백운산 지구 토벌작전 과정에서 약 300호의 마을이 통비부락(通匪部落)이라는 이유로 방화했음을 알게 된 백선엽 장군은 마을 사람들에게 사죄하고, 사단 공금 3000만환과 함께 이남규 전남도지사와 협의해 불탄 마을을 재건했다. 한천부락 주민들은 백선엽 송덕비를 세웠다. 백선엽 장군은 공비소탕은 토벌 못지 않게 민심을 얻어야 성공한다는 것을 뼈저리게 느꼈다. 사진/백선엽

1950년 10월경 유엔사령부의 구호 담당 장교가 폐허가 된 서울에서 떠도는 고아들을 위탁소로 데려가고 있다.
사진/NARA

6.25전쟁 시기 유엔민간원조사령부(UNCACK)는 피란민은 물론이고 어린이. 전쟁고아에게 음식, 의복, 의약품을 공급하는 임무를 수행했다.
사진/NARA

미군 병사가 자신의 시레이션을 어린 아이에게 먹이고 있다.
사진/NARA

고아원에 방금 도착한 아이들이 통조림으로 첫 식사를 하고 있다.
1950년 11월 2일.
사진/NARA

백야전투 사령부의 공비토벌 여파로 적지 않은 고아가 발생했다. 부모를 잃은 공비와 입산자의 자녀를 국군이 돕기 위해 백선엽 장군은 당시 이을식 전남지사의 도움을 얻어 송정리 적산가옥을 구해 고아원을 세웠다. 고아원의 이름은 '백선육아원'. 당시 종군기자로서 후일 세계선명회 총재가 된 피어즈 박사도 수많은 고아의 양육을 도왔다. 백 장군은 1988년 고아원 전재산을 천주교 샬트르 성바오로 수녀회에 기증해 사업을 이어가도록 했다. 사진/백선엽

고아원의 좁은 공간에서 쪽잠을 자고 있는 고아들. 사진/NARA

피난민촌에서 부모를 잃은 어린 소녀들이 풀뿌리로 밥을 짓고 있다. 1951년 8월 18일. 사진/NARA

영화 '전송가(Battle Hymn)'에 등장하는 어린 소녀가 목걸이 끝에 작은 시계를 발견했으나 시계인 줄 모른다. '전송가'는 1956년 미국에서 제작된 영화로 6·25 전쟁에 참전한 딘 헤스 공군 대령의 자서전 '전송가'를 원작으로 제작했다. '전쟁고아의 아버지'로 불린 딘 헤스 대령의 한국에서의 일대기다. 또한 '전송가'는 정부와 공군 관계자로부터 전폭적인 지원을 받았고, 25명의 한국인 전쟁고아들이 직접 영화에 출연해 주목을 받았다. 딘 헤스는 자신의 자서전으로 만들어진 영화의 저작권 수익금 전액을 한국보육원에 기부했다.
사진/NARA

딘 헤스 대령(오른쪽)은 1950년 12월 미 공군 군종목사 러셀 블레이즈델 대령과 함께 미국 C-54 수송기 15대, C-47 수송기 1대를 동원해 1000여 명의 전쟁고아를 서울에서 제주도로 후송시켜 구출하고 현지에 보육원을 설립하는 데 기여했다. 이승만 대통령은 그의 공적을 기려 1951년과 1960년 두차례 무공훈장을 수여했다. 사진/Wikipedia

미군 병사가 포항의 한 고아원에서 어린이들에게 초콜릿을 나눠주고 있다. 사진/NARA

1951년 7월 1일, 미국인 원조 담당관이 태평양을 건너온 옷들을 꺼내고 있다. 한국인을 돕기 위해 전송된 원조 물품들은 전쟁으로 피폐한 상황에서 요긴한 것들이었다. 사진/조선일보

고아원인 '보봉유린원' 어린이들이 미군들로부터 구호품을 한아름씩 전달받고 환한 표정을 짓고 있다. 사진/조선일보

휴전 무렵, 전시학급에서 3학년 학생들이 야외수업을 하고 있다.
사진/NARA

고사리 손으로 '고장생활' 교재를 들고 읽고 있는 어린이. 학생들이 차가운 바닥에 앉아 공부하고 있다.
사진/NARA

전쟁의 피해는 고스란히 노약자와 여성, 어린이에게 돌아간다. 1950년 10월 서울 은평학국민학교의 한 어린 소녀가 동생을 안고 야외에서 수업하고 있다. 사진/NARA

종군기자로서 후일 세계선명회 총재가 된 로버트 피어즈 박사가 백선엽 장군이 제1군사령관 시절에 백선육아원을 방문했다. 피어스 목사는 6·25전쟁 직전인 1950년 9월 종군기자로 한국을 방문해 한경직 목사와 함께 피난민 구호사업을 시작했다. 영화제작자이기도 했던 그는 6·25전쟁과 고아들의 영상을 담아 기록영화를 제작해 미국에서 모금운동을 했다. 밥 피어스는 1951년 백선엽 장군과 백선육아원을 설립했다. 1953년에는 한국선명회(한국월드비전의 전신)라는 단체를 만들었고 초대 이사장은 한경직 목사가 맡았다. 사진/백선엽

1952년 3월 1일 제2군단 창설에 대비 미 제9군단에서 교육을 받고 있는 백선엽 중장을 격려하는 유엔군사령관 리지웨이 장군. 우로부터 와이만 제9군단장, 제9군단 참모, 리지웨이 대장, 스미스 부군단장, 백선엽 중장.
사진/백선엽

백선엽 제2군단장을 영접하는 듀이 미 제9군단 참모장. 1952년 3월.
사진/백선엽

장병들을 격려하는 백선엽 제2군단장. 1952년 3월.
사진/백선엽

1952년 3월 제2군단 창설요원들이 모두 모였다. 밴플리트 사령관은 백야전전투사령부를 기간으로 제2군단을 창설했다. 밴플리트는 제2군단에 한미혼성 제5포병단을 창설해 제2군단 포병사령부 역할을 맡도록 했다. 제2군단은 공병단과 병참단도 갖췄다. 사진/백선엽

제2군단 창설요원들. 가운데 제6사단장 백인엽 소장의 모습도 보인다. 사진/백선엽

1952년 3월 제2군단 창설요원들은 제8전투비행단이 있는 오산비행장에서 교육을 받았다. 미 9군단장 와이만 중장과 제2군단을 준비중인 백선엽 중장. 사진/백선엽

백선엽 제2군단장과 파머 미 제10군단장(맨오른쪽)이 오산 미 8전투비행단장(가운데)과 이야기를 나누고 있다. 사진/백선엽

춘천 북방에 있는 미 제9군단에서 창설교육을 마치고 밴플리트 미 8군사령관과 와이먼 미 제9군단장을 비롯한 미군 지휘부와 함께 한 백선엽 장군. 사진/백선엽

제3장

국군군단의 표준모델 제2군단 창설

제2군단장

신생국군의 상징, 제2군단 창설

천전리에 천막을 치고 약 200명 규모의 '백야전전투사령부' 요원들은 제2군단 창설 요원으로서 미 제9군단의 해당 부서에 배치돼 한미 합동 근무를 통한 교육에 들어갔다. 미 9군단장 윌러드 와이먼 소장은 창설요원들의 교육을 책임졌다. 제1군단 참모들은 약 5주간에 걸친 현장 훈련(OJT) 방식의 교육을 통해 미군의 조직과 운용을 배웠다.

1952년 4월 마침내 새로운 제2군단은 형체를 갖추게 됐다. 전차만 없을 뿐 군단 포병을 위시한 제반 지원 능력을 갖춰 제병협동 작전을 수행할 수 있는 국군 최초의 군단이었다. 제2군단은 신생 국군의 힘을 상징하는 부대로 탄생했다. 군단 포병(제5포병단)은 미 군사 고문단 참모장이던 메이요 대령의 지휘 아래 미군 105mm포 1개 대대, 155mm포 2개 대대, 국군 중포 4개 대대 등 7개 대대로 구성했다.

특히 국군의 155mm 대대는 이때 실전에 처음 배치됐고, 노재현 대령이 첫 포병 지휘관의 영예를 차지하게 됐다. 동해안의 제1군단이 군단 포병 없이 휴전을 맞은 것에 비하면 제2군단의 포병력은 당시로는 획기적인 것이었다.

1952년 4월 5일을 기해 제2군단은 금성 지구로 불리는 화천 북방 북한강으로부터 서쪽으로 약 25km에 달하는 최전선의 전투 정면을 미 제9군단으로부터 인계받았다. 제2군단은 동해안의 제1군단에 이어 두 번째로 전선의 일부를 담당하게 됐다. 군단사령부는 화천 북방 소토고미리(일명 소토골)에 자리잡았다.

4월 5일 소토고미리의 경비행장에서 거행된 부대 창설식에는 이승만 대통령을 비롯해 신태영 국방장관, 이종찬 참모총장, 무초 주한 미 대사, 밴플리트 8군 사령관, 존 오대니얼 미 제1군단장, 윌리스톤 파머 미 제10군단장 등 당시의 요인들이 모두 참석했다. 담당 정면을 인계한 미 제9군단장 와이먼 소장이 2군단기를 만들어 백선엽 군단장에게 전했다.

신생국군의 상징, 제2군단 창설

미군이 국군 제2군단의 창설을 도와 중부 전선을 담당하게 한 것은 전차와 차량의 기동력을 주축으로 하는 미군에게는 산악이 험준한 이곳이 그들의 전투력을 발휘하는 데 적합하지 않았기 때문이었다. 아울러 미국은 이때 NATO군의 창설을 서둘렀기 때문에 한국 전선으로의 미국 병력 동원에도 한계에 부딪치고 있었다. 국군에 대한 집중 훈련과 화력 지원을 통해 국군이 단계적으로 전선의 담당 폭을 늘려야 함은 자연스런 귀결이다. 리지웨이 유엔군 사령관은 1952년 5월 12일 NATO군 사령관으로 옮겨가고 마크 클라크 대장이 후임에 부임됐다.

백선엽이 신설 2군단장을 맡고 있는 동안 진지전으로 교착된 전선은 소강상태를 유지하고 있었다. 5월 중순 백선엽 신임 군단장은 중공군이 제2군단 정면에 집결하고 있다는 사실을 미 8군사령부에 보고했다. 밴플리트는 백선엽 군단장에게 적의 집결 예상 지점에 즉시 포격을 가하고 탄약은 필요한 만큼 제한 없이 사용하라고 명령했다. 군단 포병 7개 대대와 3개 사단 보유의 3개 대대 등 10개 포병대대와 보병부대의 박격포들이 일제히 불을 뿜었다. 폭 20여km의 정면에서 적진을 향해 180여 문의 야포와 박격포 2만 발에 달하는 사격을 가한 것이었다. 정면의 중공군은 이때의 메가톤급 포격으로 백선엽 군단장이 군단을 떠나는 1952년 7월까지 별다른 움직임을 보이지 않았다. 제5포병단의 미군 대대는 오래지 않아 미군으로 복귀, 국군 포병만으로 군단 포병단을 구성했다. 제5포병단이 국군 포병 육성의 모델이 됨에 따라 이 부대는 관심의 초점이 됐다. 이듬해 방한한 아이젠하워 미 대통령 당선자는 바쁜 일정을 쪼개 제5포병단을 찾았을 정도였다.

1952년 6월경 막사 앞에 선 백선엽 제2군단장.
사진/백선엽

1952년 4월 5일 제2군단 창설식에 참석한 이승만 대통령.
이승만 대통령은 감격을 감추지 못했다. 1951년 중공군 1월 공세로 당시의 제2군단이 해체됐고, 같은 해 5월 공세에서 제3군단이 역시 해체되는 쓰라림을 맛보았기 때문에 강력한 군단의 탄생에 감회가 새로웠다. 이 대통령은 "국군이 이제 인적·물적으로 싸울 수 있게 됐다. 오랑캐 무찌르고 북진 통일을 해야 한다"고 강조했다.
사진/백선엽

제2군단 창설식에 참석한 미 제40사단 장병. 1952년 4월 5일. 미 제40사단은 캘리포니아 주방위군 사단으로 제2차 세계대전 말 오키나와에 진출했다가 점령군으로 미 제6, 7사단과 함께 부산과 광주에 진주했던 부대다. 1952년 1월말 미군의 사단 교체 계획에 따라 다시 한국에 배치됐다. 미 제9군단 예하의 제40사단은 국군 제2군단의 좌익에, 미 제10군단 예하 국군 제7사단이 우익에 제2군단과 인접하게 됐다. 사진/백선엽

화천 근처에 있는 IX-23 활주로에서 열린 제2군단 창설 기념행사. 1952년 4월 5일. 사진/백선엽

미 제9군단장 윌러드 와이만 소장이 창설되는 국군 2군단기를 백선엽 중장에게 전달하고 있다. 제2군단 마크는 미 제9군단이 모체가 됐다는 뜻으로 제9군단 마크의 색깔을 바탕으로 로마자 II를 넣은 도안이었다. 1952년 4월 5일. 사진/백선엽

윌스톤 파머 미 제10군단장이 백선엽 장군에게 전달한 서명 사진. 파머 군단장은 4월 5일 소토고미리에서 열린 제2군단 창설식에 참석했다.
사진/백선엽

제2군단 부대 창설식에서 밴플리트 미8군사령관과 백선엽 제2군단장이 인사를 나누고 있다.
사진/백선엽

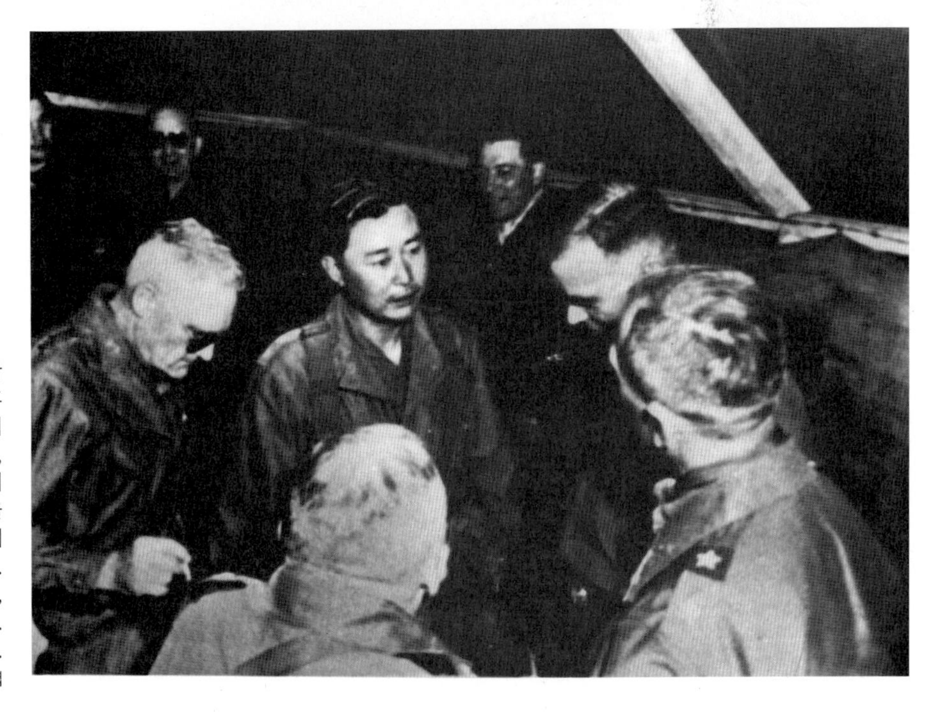

백선엽 장군이 생전에 가장 슬픈 장면이라 했던 사진이다. 제2군단 재창설식이 끝난 후 임시막사 다과회 석상에서 밴 플리트 장군이 파머 제10군단장, 오다니엘 제2군단장, 와이만 제9군단장(왼쪽부터)에게 "아들 밴프리트 중위가 전날 옥구비행장을 출발해 폭격에 나섰는데, 아직 돌아오지 않고 있다"며 실종 소식을 알리고 있다. 밴플리트 장군은 고개를 떨구고 있고, 백선엽 장군이 황망한 표정으로 듣고 있다. 1952년 4월 5일.
사진/백선엽

1952년 3월19일, 아들 지미가 밴플리트 장군의 60회 생일을 축하하고 있다. 이것이 마지막이 부자의 만남이 되고 말았다. 밴플리트 사령관은 후에 부인 헬렌 여사를 위로하는 데 애를 먹었다고 한다. 도쿄에 머물던 헬렌 여사는 애틋한 모정 때문에 줄기차게 한국을 찾았다. 헬렌 여사는 1952년 7월 백 장군이 육군참모총장에 올랐을 때도 서울의 미8군 게스트하우스로 찾아와 "아들의 시신을 찾을 방법이 없을까요"라며 손수건을 꺼내들었다. 밴플리트 사령관도 백선엽과 함께 서울 뚝섬비행장에서 L-19 경비행기로 옥구비행장에 갔다. 밴플리트는 아들이 묵는 막사를 찾아 아들이 남기고 간 물품을 말없이 조용히 바라보기만 했다. 공군기지 사령관의 배려로 아들의 침실 유품 등을 그대로인 채였다. 백선엽은 옆에서 밴플리트의 슬픔을 속수무책으로 지켜볼 수밖에 없었다.

사진/조 매크리스천 페이스북

Van Fleet's Son Reported Missing

SEOUL, Korea, April 5 (P)—Lt. James A. Van Fleet Jr., 26 year-old only son of the U.S. Eighth Army commander, was listed by the Fifth Air Force today as missing in action on his third night bombing mission.

Young Van Fleet and his two-man crew failed to return Friday from a strike near Sunchon in Northwest Korea. With him were Lt. John A. McAllister of Portland, Ore., navigator - bombardier; and Airman First Class Ralph L. Phelps of Bemidji, Minn., engineer-gunner.

Another Western commander, the late Marshal Jean de Lattre de Tassigny of France, also lost a son fighting the Communists. The son, 1st Lt. Bernard, 23, was killed in action south of Hanoi, May 30, 1951.

Young Van Fleet and his crew went out Thursday night, but radioed they were diverted from their target—a rail center—by fog and low clouds.

At 3:35 a.m. Friday Van Fleet reported his fuel supply was too low to permit a strike on a secondary target. It was the last message from the B-26 twin-engine bomber.

An Air Force spokesman said the bomber should have had enough fuel to last until 4:30 a.m.

Hundreds of planes searched Friday and Saturday, dumping bombs on Communist supply lines as they ranged over the target area. The search was called off Saturday night.

Gen. J. Lawton Collins, Army chief of staff, notified the young flier's mother at her home in Long Beach, Calif. Young Van Fleet, a West Point graduate, and his wife were separated. She and their son, James, reside in New York City.

LT. JANMES VAN FLEET, JR.

6.25전쟁에 참전했다가 1952년 4월4일 비행기 추락으로 사망한 밴플리트 장군의 아들 밴플리트 2세의 실종을 보도한 기사. 존 밴플리트 중위는 4월 4일 쌍발 프로펠러 B-26 머로더를 타고 옥구비행장을 발진, 북한 순천 지역 야간폭격차 출격 후 영영 돌아오지 않았다. 밴플리트는 미군들의 희생을 막기 위해 아들 존 밴플리트의 수색을 중단시켰다.

사진/백선엽

제2군단 재창설 기념식에서 밴플리트 미 8군사령관(왼쪽)이 파머 미 제10군단장, 제2군단 창설을 교육한 윌러드 와이먼 미 제9군단장과 이야기를 나누고 있다.
사진/백선엽

리지웨이 유엔군사령관은 1952년 5월 12일 NATO군 사령관으로 옮겨가고 마크 클라트 대장이 후임에 임명됐다. 사진은 휴전 직후인 1953년 8월 7일, 마크 클라크 유엔군 사령관이 퇴임을 앞두고 유엔사무총장실을 방문해 다크 함마숄드 유엔사무총장(1961년 비행기 사고로 순직)과 한반도 지도를 보며 대화를 나누고 있다.
사진/NARA

1952년 4월 13일 화천 근방 미 제9군단 지휘소 언덕에서 부활절 예배행사에 참석한 미 제7사단 라인만 램니처 소장과 참모들.
사진/백선엽

국군 제2사단이 방어하고 있는 화천 북방 금성계곡 돌출부 모습.
백선엽 제2군단장은 중공군의 대공세를 막기 위해 밴플리트 사령관에게
제압포격을 요청했었다. 사진은 1951년 10월 6일 미 제24보병사단 소속
콜롬비아 대대가 금성계곡이 보이는 산마루를 지키고 있다.
사진/조선일보

1952년 6월 포병진지에 포진한 제2군단 예하 155mm포.
군단포병(제5포병단)은 미 군사고문단 참모장 메이요 대령의 지휘 아래
미군 경포 105mm 1개 대대, 155mm 중포 2개 대대, 국군 중포 4개
대대 등 7개 대대로 구성됐다.
사진/백선엽

미 8군 포병들이 적진을 향해 포격을 가하고 있다.
사진/NARA

산더미 처럼 쌓인 탄피들. 백선엽 제2군단장이 밴플리트 미8군사령관에게 중공군들이 제2군단이 담당한 금성 돌출부를 공격할 가능성이 크다고 보고하자, 밴플리트는 탄약은 필요한 만큼 무제한 사용하라며 제압포격을 지시했다. 당시 미군들은 '밴플리트 탄약량'이라고 불렀는데, 밴플리트는 중공군이 국군을 얕잡아 보기 때문에 강력한 화력으로 적을 제압해야 군단을 지탱할 수 있다고 보았다. 사진/조선일보

미 해병대 지프에 탄 북한군이 항복의 표시로 유엔군이 살포한 투항 안내 전단을 높이 들어보이고 있다. 사진/NARA

미군들은 비록 적군이라도 적군도 부상자라면 아군과 동일하게 치료했다. 사진은 1952년 무렵, 미군이 생포한 중공군 포로에게 주사를 놓아주고 치료하는 모습. 사진/NARA

1951년 5월 낚시배에 탄 북한군 세 명이 미 전함 맨체스터호에 생포됐다. 사진/U.S.Navy

미 제24사단 제19연대 소속 미군병사가 생포한 중공군이 무기를 소지하고 있는지 수색하는 모습. 사진/국가기록원

1952년 4월 25일 제9군단사령부에 극동군 참모들과 함께 모였다. 좌로부터 앤슬리 소령, 스미스 소령, 백선엽 제2군단장, 색슨 제9군단 헌병대사령관, 미 제9군단 드웨이 준장, 존슨 대령, 캐드웰 헌병대장, 와이만 제9군단장, 채플레인 대령.
사진/백선엽

1952년 6월경 제2군단 장병들과 함께 편안하게 포즈를 취하는 백선엽 제2군단장.
사진/백선엽

신생 제2군단의 병기 제작시설을 살펴보는 백선엽 제2군단장. 1952년 6월경.
사진/백선엽

제2군단장 시절인 1952년 6월 5일, 북한강에서 제3사단장 백남권 준장(오른쪽), 극동군사령부 통신부장과 만났다.
사진/백선엽

밴플리트 미 8군사령관이 제2군단을 방문한 영국의 알렉산더 원수(왼쪽)를 수행하고 있다.
사진/백선엽

1952년 6월 15일 제2군단장 백선엽 장군과 메이요 포병단장(대령)이 제2군단 155mm 포진지를 방문한 유엔군사령관 클라크 장군을 수행하고 있다.
제5포병단은 국군 포병 육성의 모델로 떠오르는 바람에 유엔군사령부의 관심의 대상이 됐다.
사진/백선엽

제2군단장 시절, 제10군단장 파머 장군(왼쪽 둘째), 제9군단장 와이먼 장군(오른쪽 끝)과 함께한 백선엽 장군. 1952년 6월. 사진/백선엽

1952년 6월 22일 미 육군참모총장 콜린스 장군도 국군 제2군단을 방문해 미 5포병단을 둘러봤다. 사진/백선엽

1952년 6월 22일 제2군단 사령부를 방문한 밴 플리트 장군과 함께 백선엽 장군을 위시해 제2군단 간부들이 함께 했다. '명예 제2군단장 밴플리트 대장(Honorary Chief of Section)'이라는 간판도 보인다. 사진/백선엽

1952년 6월 22일 한국군 헌병대의 시범을 보기 위해 군 수뇌부들이 모여 담소하는 모습. 육군참모차장 유재흥 중장이 백 장군을 보고 반갑게 사열대를 내려오고 있다. 사진/백선엽

1952년 6월 22일 그리스 차카라토스 참모총장이 대구 육군참모총장 관사에서 그리스 정부 최고훈장을 백선엽 제2군단장에게 수여하고 있다. 사진/백선엽

1952년 6월 22일 그리스 정부 최고훈장을 받고 막사 앞에서 웃고 있다. 사진/백선엽

1952년 6월 23일 차카라토스(Tsakalotos) 그리스 참모총장과 밴플리트 미 8군사령관을 군단 활주로에서 맞이하는 백선엽 제2군단장. 카차라토스 참모총장은 밴플리트 사령관의 친구다. 신생 군단의 포병 육성은 여러 나라의 관심의 대상이 됐다. 클라크 유엔사령관, 클라크의 친구인 영국의 알렉산더 원수, 콜린즈 미 육군참모총장이 찾았다. 사진/백선엽

그리스 최고훈장 수여식.
좌로부터 그리스 장교, 유재흥 육군참모차장, 군사고문단장 라이언 준장, 백선엽 제2군단장, 밴플리트 장군, 차카라토스 그리스 참모총장, 이종찬 육군참모총장, 타소니 그리스 준장. 1952년 6월 22일.
사진/백선엽

1952년 7월 5일 제2군단 창설 2주년 기념식에서 한국 전통무용을 공연하고 있다.
사진/백선엽

1952년 7월 23일 참모총장 보직명령을 통보받은 후, 2군단장 막사 앞에서 참모들과 기념촬영을 했다. 좌로부터 부관 김영태 중위, 운전기사 윤 중사, 박경배 중사, 부관 전재구 대위.
사진/백선엽

백선엽 제2군단장이 참모들과 이야기 도중 담뱃불을 붙이고 있다. 백선엽 장군은 간식을 즐기지 않아 대신 6·25전쟁 내내 담배를 피웠다. 그러나 연기를 깊이 들이마시지 않는 '뻐끔담배'로 건강에 큰 지장은 없었고, 전역 후 곧 금연한 것으로 알려졌다.
사진/백선엽

제2군단 소토고미리의 경비행장에 착륙한 이승만 대통령을 백선엽 장군이 영접하고 있다.
1951년 중공군의 1월 공세(중공군 2차공세)로 당시 제2군단이 해체되는 쓰라림을 맞봤던 이 대통령은 강력한 제2군단의 재창설에 감격을 감추지 못했다. 사진/백선엽

전투복 차림의 백선엽 제2군단장.
사진/백선엽

제4장

한국군 최초의 4성장군이 되다

육군참모총장(1차)

중압감 속에 취임한 육군참모총장

한국군 최초 4성장군 진급

반공포로 석방과 휴전

이승만 대통령은 1952년 7월 22일 부산 정치파동의 여파로 이종찬 육군참모총장을 해임했다. 백선엽 제2군단장은 이 총장의 후임으로 육군참모총장에 임명됐다. 1952년 5월 25일을 기해 정부는 공비토벌의 속행을 이유로 경남 및 전남북 23개 시도에 걸쳐 계엄을 선포했다. 계엄 선포를 전후해 이기붕 국방장관이 해임되고 신태영 장관이 후임에 임명됐다.

육군참모총장은 군의 최고 선임자로서 국방장관을 통해 군사면에서 대통령을 보좌하는 막중한 자리였다. 특히 전시 하이며 계엄이 선포된 상황이라 대통령의 통치권도 일부 보좌, 수행해야 했다. 또 유엔군 산하 참전 16개국의 군부대와도 전쟁 수행을 위한 업무를 수시 협조해야 했다. 군의 작전 지휘권이 미군에 있었으나 12개 사단을 비롯한 전후방 각 부대의 작전 지원 업무도 적지 않았다.

신임 클라크 유엔사령관은 전방의 전투 지역을 제외한 후방, 즉 대략 평택~삼척선 이남 지역을 KCOMZ이라는 '병참관구 사령부'의 관할로 설정했다. 1954년에 창설되는 육군 제2군사령부가 KCOMZ의 대부분의 임무를 승계하게 된다. 또한 군사고문단(KMAG) 단장은 제2차 대전 때 브래들리의 민사 참모를 역임한 코르넬리우스 라이언 소장이었다.

백선엽 참모총장의 최우선 과제는 육군의 전투력 증강이었다. 육군본부는 이 밖에 후방 지역별로 병사구 사령부를 두어 장정의 징소집을 담당했고, 징소집된 신병을 제주도 모슬포의 제1훈련소와 논산의 제2훈련소에서 16주간 훈련, 일평균 1200명을 전후방 각 부대에 보충했다.

참모총장의 과업 중 중요한 것이 신병훈련 문제였다. 1951년 1·4후퇴 후 제주도의 모슬포에 제1훈련소가 창설되고, 이어 논산에 제2훈련소가 세워지자 신병 보충도 체계를 잡기 시작했다. 제1훈련소를 제주도에 창설한 것은 그 당시 중공군의

중압감 속에 취임한 육군참모총장

대공세에 위기를 느낀 이 대통령이 제주도를 유사시 최후 거점으로 삼고자 했기 때문이다. 이때부터 훈련은 미국이 제1·2차 세계대전에서 시행했던 방식에 입각해 16주간의 꽉 짜인 시간표에 의해 실시됐다.

또 미군의 지원 아래 추진한 한국군 증강 및 정예화 계획의 일환으로 사관학교와 육군대학을 비롯한 보병, 포병, 공병, 기갑, 통신, 병참, 항공, 헌병, 부관, 정보, 정훈, 화학, 군의, 간호, 여군 등 18개 병과 및 기술학교를 운영해 전문분야별로 장교와 하사관을 길러내고 있었다.

백선엽 참모총장 논산 포로수용소를 시찰하면서 포로의 급식이 국군장병들보다 낫다는 것을 깨닫고 충격을 받았다. 포로들은 미군의 급양 기준에 따라 비교적 배불리 먹고 있었다. 미군은 이 문제를 해결하기 위해 '중앙 구매 제도'의 도입을 권유했다. 육본은 이 권유에 따라 생선·야채 등 일부 품목에 대해 시범적으로 실시해 보았다. 이러한 노력이 후일 미곡류는 농협, 육류는 축협, 어패류는 수협을 통해 구입하는 중앙 조달 체계로 발전하는 계기를 만들었다.

현역 군인들의 문제뿐만 아니라 상이용사의 원호도 육군본부의 큰 과제였다. 2만~3만 명을 헤아리는 상이용사들이 부산의 육군병원과 천막촌을 이룬 정양원에 분산 수용되고 있었다. 1952년 가을 어느 날 왜관에서 경찰과 상이용사가 충돌을 빚은 사건이 발생했다. 상이용사들은 부산 지역에 집결해 경부선 철도의 운행을 정지시키며 왜관행 열차를 내 달라고 격렬한 항의 시위를 벌였다. 백선엽 총장은 그들에게 대책을 거듭 약속하며 해산해 줄 것을 부탁했다. 정부는 급히 정양원 별로 예산을 쪼개어 지급해 주었고, 미 8군도 모포 2만 장과 의료품을 지원해 급한 불을 껐다. 백선엽 총장은 육본에 상이 원호처를 임시 기구로 편성했다. 1952년 부산의 상이용사 시위가 오늘의 보훈처를 있게 한 기폭제였다고 할 수 있을 것이다.

육군참모총장 육군 중장 백선엽 장군.
사진/백선엽

부산 정치파동으로 구속된 국회의원을
버스에 태워 연행하는 헌병대의 모습.
사진/Wikipedia

1952년 7월 24일 대구
육군본부에서 열린 이종찬 참모총장
전역식 행사. 좌로부터 유재흥
제2군단장, 이종찬 장군, 밴프리트
8군사령관, 참모총장 백선엽 장군,
미 군사고문단장 라이언 준장,
크리스텐 베리 8군 참모장,
뒷줄은 육군본부 참모들.
사진/백선엽

이종찬 참모총장 전역식에서 이종찬 이임 참모총장, 백선엽 취임
참모총장, 유재흥 신임 제2군단장, 라이언 주한 미 군사고문단장,
크리스텐 베리 8군 참모장(왼쪽부터) 앞줄에 나란히 앉아있다.
1952년 7월 24일.
사진/백선엽

1952년 8월 제2군단을 방문한 백선엽 참모총장을 안내하는 제2군단장 유재흥 장군. 사진/백선엽

1952년 8월 8일 대통령 부대표창식 행사에서 이승만 대통령으로부터 훈장을 수여받는 미 제10군단장 파머 중장. 좌로부터 이승만 대통령, 백선엽 참모총장, 신태영 국방장관, 밴플리트 미 8군사령관. 사진/백선엽

1952년 8월 8일 대통령 부대표창식 행사에 참석한 이승만 대통령과 밴플리트 미 8군사령관. 사진/백선엽

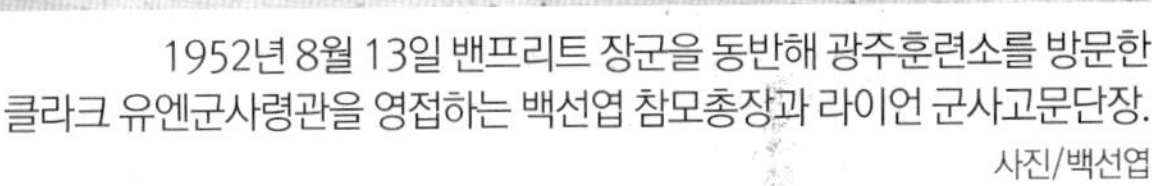
1952년 8월 13일 밴프리트 장군을 동반해 광주훈련소를 방문한
클라크 유엔군사령관을 영접하는 백선엽 참모총장과 라이언 군사고문단장.
사진/백선엽

이승만 대통령과 미 8군사령관 밴플리트 장군.
사진/백선엽

백선엽 참모총장이 미 군사고문단장 라이언 소장과 미8군 수석고문관 선임고문관 맥스필드 대령과 이야기를 나누고 있다. 라이언 소장은 제2차 세계대전 때 브래들리 원수의 민사참모를 역임했다.
사진/백선엽

1952년 8월 13일 클라크 유엔군사령관, 밴플리트 미 8군사령관, 파머 전 제10군단장, 백선엽 참모총장이 광주 교육사령부 통신학교를 방문해 현황 청취하고 있다.
사진/백선엽

1952년 8월 20일 부산지역을
초도 순시하고 있는 백선엽 참모총장.
사진/백선엽

1952년 8월 22일 부산 제1부두에
튀르키예, 그리스 부대가 상륙하고 있다.
사진/백선엽

클라크 유엔군사령관과 밴플리트 사령관이 백선엽 참모총장과 함께 제2사단장
임선하 소장이 운전하는 지프에 탑승해 부대를 순시하고 있다. 1952년 8월 13일.
사진/백선엽

제5육군병원에 수용돼 있는 상이용사들이 부산 경남여고 운동장에 모여 시위를 벌이고 있다. 1952년 가을 왜관에서 경찰과 상이용사가 충돌을 빚은 사건이 단초가 돼 상이용사들이 일제히 봉기했다. 상이용사들은 부산지역에 집결해 경부선 철도의 운행을 정지시키며 왜관행 열차를 내달라고 격렬하게 항의했다. 목발을 휘두르며 백선엽 장군에게 덤벼들기도 했다. 백 총장은 마이크를 잡고 대표자와 대화를 신청해 상황을 진압했다. 민사참모를 역임한 라이언 군사고문단장이 상이용사 원호에 큰 도움을 주었다. 육본에 상이원호처가 만들어졌고, 오늘날 보훈부의 시초가 됐다. 사진/NARA

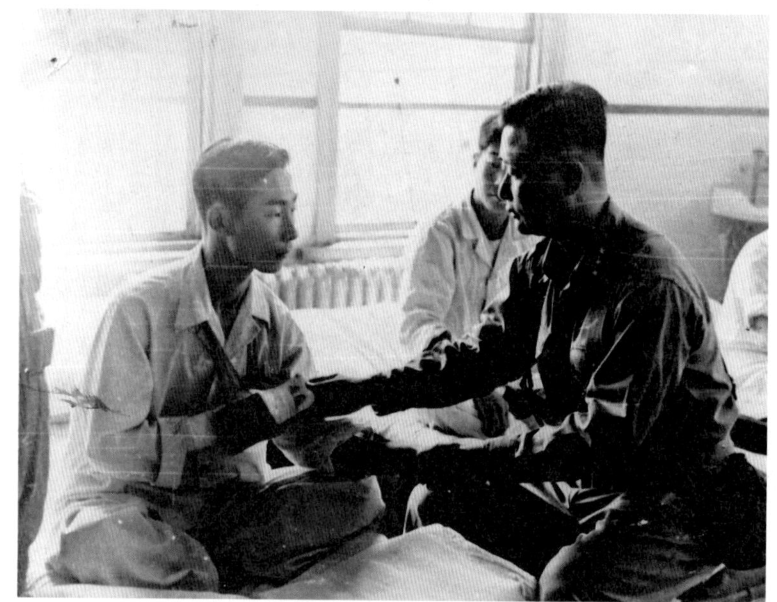

1952년 9월 군부대 병원을 방문, 환자를 격려하는 참모총장 백선엽 중장. 사진/백선엽

1952년 9월 신편 사단 창설부대를 열병하는 이승만 대통령과 밴플리트 대장, 백선엽 중장. 사진/백선엽

1952년 8월 31일 육군사관학교를 방문한 미 병참감 설리반 장군.
좌로부터 미 제18공군 톰슨 중령, 맥스웰 대령, 설리반 소장, 백선엽 참모총장, 브라운 소령, 라이언 주한 미 군사고문단장, 정국 준장, 육사교장 안춘생 준장, 육군본부 작전참모부장.
사진/백선엽

1952년 9월 2일 백선엽 참모총장이 미국으로 유학을 떠나는 250명의 장교들의 송별식을 거행하고 있다. 150명의 장교는 보병학교에, 나머지 100명의 장교는 포병학교에 입학했다.
사진/백선엽

행사에 참석한 밴플리트 장군과 백선엽 참모총장, 라이언 미 군사고문단장. 1952년 9월 3일. 사진/백선엽

육군참모총장 지프에 밴프리트 장군을
탑승시키기 위해 4성 표지판을 부착했다.
1952년 9월 5일. 사진/백선엽

1952년 9월 5일 야외기동훈련장에서 백선엽 참모총장에게 미 대통령훈장을 수여하는 밴플리트 장군.
사진/백선엽

1952년 9월 19일 백선엽 참모총장과 이응준 육군대학 총장이 을지훈장
수상자인 그레기 주한 미 군사고문단 군수참모(맨 왼쪽), 존스 대령을
축하하고 있다. 사진/백선엽

을지훈장 수상자인 헨리 매스트로 미 군사고문단 선임고문관, 그리고 라이언
주한 미 군사고문단장, 백선엽 참모총장. 1952년 9월 12일. 사진/백선엽

대구 육군본부에서 백선엽 참모총장으로부터 감사패를 수여받고 있는
주한 미 군사고문단 장교들. 1952년 9월 22일. 사진/백선엽

1952년 10월 6일 미 극동군 참모차장 스미스 소장이 이승만 대통령을 예방했다.
사진/백선엽

1952년 10월 30일 클라크 유엔군사령관과 로버트 머피(Robert Murphy) 주일 미 대사가 내한해 부산 김해공항(K-1)에 내렸다.
사진/백선엽

1952년 10월 25일 백선엽 총장이 이후락(좌에서 두 번째) 김창룡(다섯 번째)와 기념촬영했다. 1956년 1월 특무부대장 시절에 출근길 괴한들의 총격을 받아 피살됐다. 사건의 배후가 제2군사령관 강문봉 중장으로 밝혀져 군법회의에서 사형이 선고됐다.
사진/백선엽

1952년 10월 20일 대구 육군본부에 도착한 미 지상군사령관 존 하지(John R. Hodge) 장군과 그의 일행.
사진/백선엽

1952년 11월 백선엽 참모총장이 을지훈장을 수여하기 위해 집무실을 나서고 있다.
사진/백선엽

참모총장 백선엽 장군의 연설을 듣고 있는 밴플리트 미 8군사령관. 1952년 11월 19일.
사진/백선엽

1952년 12월 미군 훈장 수여식에 참석한 이승만 대통령.
사진/백선엽

제1군단 창설 2주년 기념식의 본부석 풍경.
좌로부터 이형근 제1군단장, 이윤영 전 국무총리서리,
밴플리트 미 8군사령관, 전 제1군단장 오다니엘 장군,,
백선엽 제2군단장, 유재흥 육군참모차장,
파머 제10군단장, 두 번째 좌석 좌로부터 와이만 제9
군단장, 라이언 주한미군 군사고문단장.
1952년 7월 5일. 사진/백선엽

1952년 7월 7일 제2군단장 백선엽 중장,
프랑스군 대대장 브리엘 중령,
미 제2사단장 플라이 소장,
미 제23연대장 머젠스 대령이 연병장에서
국기에 대한 경례를 하는 모습.
사진/백선엽

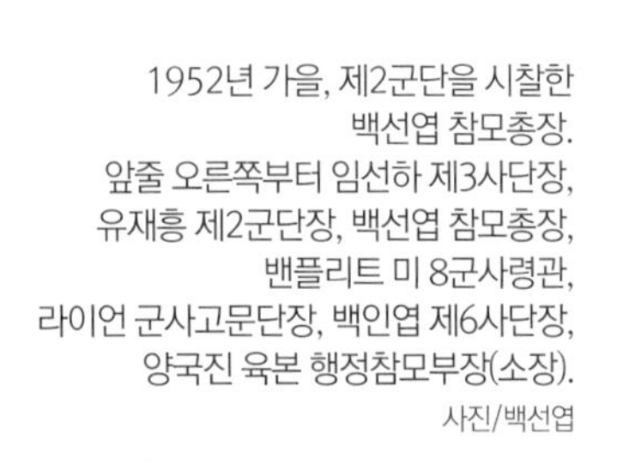

1952년 가을, 제2군단을 시찰한
백선엽 참모총장.
앞줄 오른쪽부터 임선하 제3사단장,
유재흥 제2군단장, 백선엽 참모총장,
밴플리트 미 8군사령관,
라이언 군사고문단장, 백인엽 제6사단장,
양국진 육본 행정참모부장(소장).
사진/백선엽

1952년 12월 3일 아이젠하워 대통령 당선자와
이승만 대통령이 광릉에 예비사단으로 주둔하던
수도사단을 방문했다.
사진/백선엽

1952년 12월 4일 아이젠하워 대통령 당선자가
미 제3사단을 방문해 교통호를 둘러보고 있다.
사진/백선엽

이승만 대통령과 아이젠하워 당선자가 수도사단 기갑부대를 둘러보기 위해 관람석에 앉아있다. 밴플리트 미8군사령관, 그 옆 아이젠하워는 장갑과 쌍안경만 놓인 채 자리가 비어있고, 이승만 대통령, 와이먼 미 제10군단장, 백선엽 참모총장이 보인다. 사진/백선엽

아이젠하워 대통령 당선자와 이승만 대통령이 기갑부대 공격을 지켜보고 있다. 1952년 12월 4일. 사진/백선엽

수도사단을 방문해 기관총 분해결합 훈련을 보고 있는 아이젠하워 대통령 당선자. 1952년 12월 4일. 사진/백선엽

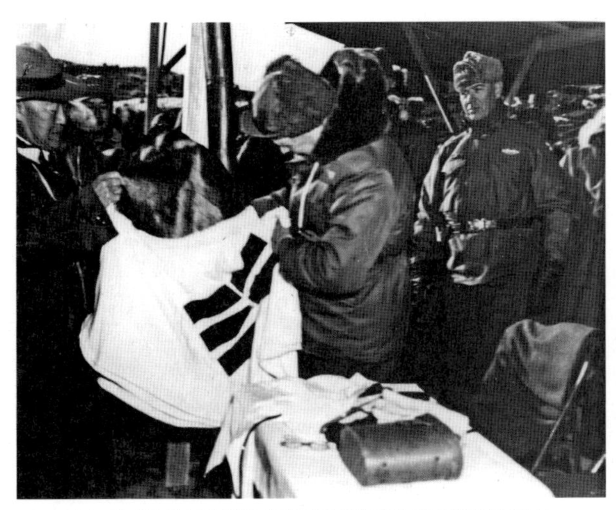

1952년 12월 4일 이승만 대통령이 아이젠하워 당선자에게 태극기를 증정했다. 오른쪽은 아이젠하워의 웨스트포인트 동기인 밴 플리트 8군사령관이고, 왼쪽 두 번째로 백선엽 총장의 얼굴이 보인다. 밴플리트는 드와이트 아이젠하워, 오마 브래들리와 미 육사인 웨스트포인트 동기생이다. 아이젠하워와 브래들리는 모두 제2차 세계대전에서 승승장구하며 후에 각각 미국 대통령과 5성 장군의 자리에 올랐으나, 밴플리트는 그들보다 진급이 늦었다. 그러나 군인의 자질과 역량은 오히려 그들을 넘어선다는 평가가 많다.
사진/백선엽

1952년 12월, 미국 대통령 당선자 아이젠하워가 미 제3사단에서 참전 중인 아들 존 소령을 만났다. 아이젠하워는 종전을 대선공약으로 걸고 당선됐고, 그 방안을 찾으려고 한국 전선을 극비리에 찾았다.
사진/조선일보

이승만 대통령이 아이젠하워 당선자 위한 시민환영대회를 열었다. 중국을 몰아내라는 대형현수막 주위에 성조기와 태극기, 유엔기가 나부끼고 있다. 사진/백선엽

10만 군중이 추위를 무릅쓰고 장시간 아이젠하워의 도착을 기다렸으나 나타나지 않자 이승만 대통령이 단상에 올라 연설하고 있다.
이 대통령은 우리가 왜 휴전을 반대해야 하는지 열변을 토했다. 이 대통령은 계획이 어긋나자 배석한 백선엽 장군을 불러세워 "미국에 아이젠하워라는 2차대전 영웅이 있다면 우리에게도 전쟁 영웅이 있다. 백선엽 장군이 바로 그 사람이다"라며 추켜세웠다. 사진/백선엽

멀리 중앙청이 보이는 광화문 네거리에 아이젠하워 환영 간판이 서 있다. 경전노동조합(京電勞動組合) 조합원들이 태극기를 들고 '관제 데모'를 하고 있다. 사진/백선엽

서울시의회 앞을 여고생들이 '우리는 아이크(아이젠하워)를 좋아한다'는 현수막을 들고 행진하고 있다. 뒤편에 '한국군을 강군으로'라는 플래카드도 보인다. 사진/백선엽

서울시청 앞에 대형 환영 입간판과 서울시청에 '자유 대한민국으로 통일을 원한다'는 문구의 현수막을 걸어놓았다. 사진/백선엽

김태선 서울시장이 미8군사령부로 가서 아이젠하워의 경무대 예방을 주선하려 했으나, 미국측은 보안상의 이유로, 또는 대통령 당선자 신분이기 때문에 곤란하다는 입장을 밝혔다. 국가원수의 체면이 연거푸 손상되는 형세였다. 백선엽 장군이 클라크 유엔군사령관에게 강력하게 항의해 아이젠하워의 경무대 방문은 가까스로 성사됐다. 1952년 12월 4일 아이젠하워는 미 제3사단에서 참전 중인 아들 존 소령과 수행원을 대동하고 저녁 6시 예정대로 경무대에 도착해 의장대를 사열하고, 이 대통령과 각료들과 함께 약 40분간 환담을 나눈 후 공항으로 직행, 이한했다.
사진/백선엽

1952년 12월 4일 이승만 대통령과 아이젠하워 당선자가 경무대에서 반갑게 악수하고 있다.
사진/백선엽

1952년 12월 9일 제2군단을 방문한 이승만 대통령을 수행한 백선엽 육군참모총장.
사진/백선엽

1952년 12월 24일 크리스마스 이브를 맞아 동숭동 미 8군사령부에서 크리스마스 이브를 자축하는 프란체스카 여사, 백선엽 장군, 이승만 대통령과 밴프리트 미 8군사령관. 좌에서 세 번째가 백선엽 장군 부인 노인숙 여사다.
사진/백선엽

1952년 12월 24일 이승만 대통령 부처가 동숭동의 미 제8군사령부를 방문했다. 밴플리트 사령관은 가끔 이승만 대통령 부부를 미 8군사령부로 초청해 식사를 함께 했다.
사진/백선엽

1953년 1월 15일 대구 육군본부에서 한국군 창설 제7주년 기념식 후 오찬을 하는 신태영 국방부장관과 백선엽 참모총장.
사진/백선엽

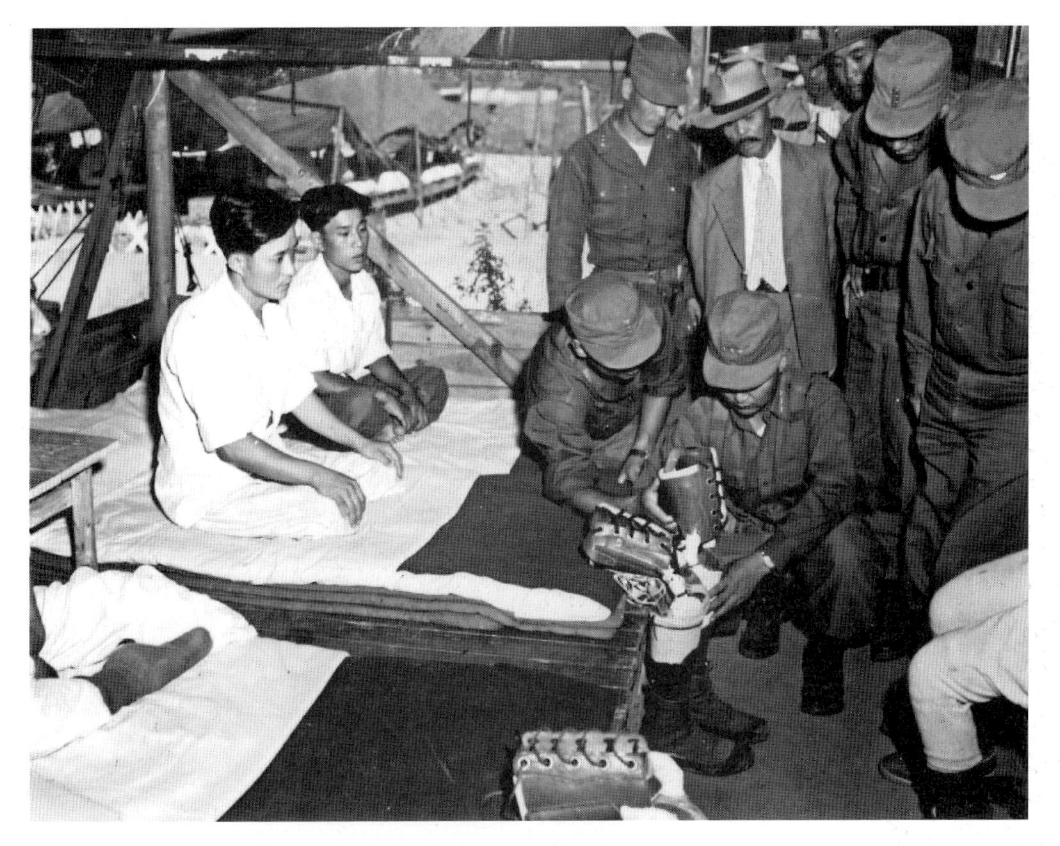

상이용사 원호도
육군본부의 큰 과제였다.
당시 부산 교외 각기에는
수많은 상이용사
정양원이 산재해 있었다.
2~3만명을 헤아리는
상이용사들이 부산의
육군병원과 천막촌을 이룬
정양원에 분산 수용되고
있었다. 육군본부는 미군
원조에 의존해 산하에
의지창(依肢廠)을 두고
상이용사에게 목발과
의수, 의족을 지급하기
시작했으나 근본적으로
이들에 대한 의료나
숙식을 해결하기에는
역부족이었다. 1953년 1월
상이군인을 방문한 백선엽
참모총장.
사진/백선엽

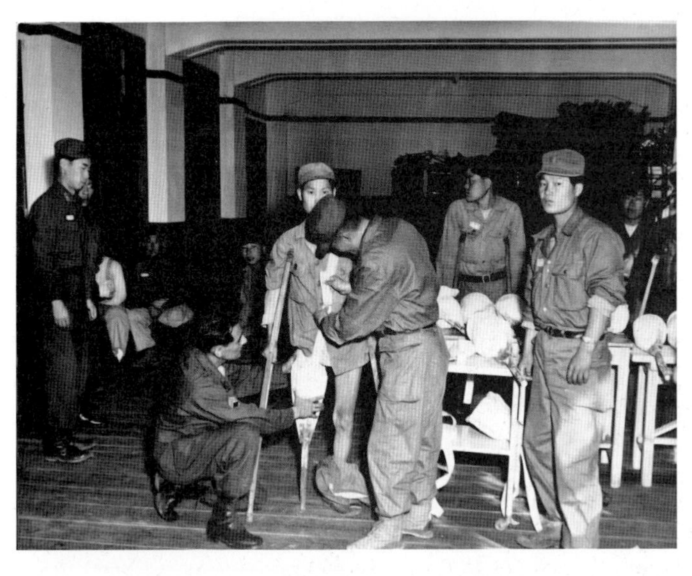

미군의 도움을 받아 각목으로 만든 의족을
착용하는 상이용사. 6·25전쟁으로 약 72만여
명의 부상자가 발생했고, 이들이 새로운 삶을
찾아 정착하기까지는 더 큰 고통이 따랐다.
사진/조선일보

백선엽 참모총장이 육군 인쇄창을
시찰하고 있다. 1953년 1월 21일.
사진/백선엽

미 육군참모총장 콜린스 대장이
1953년 1월 26일 육군본부를 방문했다.
콜린스 대장 오른쪽으로 백선엽 참모총장,
왼쪽으로 신태영 국방부장관이 서 있다.
사진/백선엽

제1훈련소장은 백인엽, 장도영, 오덕준
순으로 이어지고 있었다. 백선엽 총장은
군의 원로로 당시 육군대학 총장이던
이응준 소장을 중장으로 진급시켜
제1훈련소장에 임명했다.
사진/백선엽

제주 모슬포 제1훈련소는
1951년 1·4후퇴 때 창설됐다. 이어 논산에
제2훈련소가 세워지고 신병 보충도 자리를
잡기 시작했다. 특히 삼다도는 바람이 세
LST가 접안하지 못하는 날이
연중 90일 가량이나 됐다.
사진/백선엽

모슬포는 신병을 부산과 목표에서 매일 1000명꼴로 해군 LST 편으로 실어날라 비좁은 천막에 수용한 채 훈련을 강행하고 있었다. 일본군이 남경을 폭격하기 위한 중간 기착지로 일본군이 닦은 비행장을 활용한 모슬포 훈련소 근처에는 물이 없어 고통이 심했다. 백선엽 총장이 이응준 훈련소장과 함께 부식 관리 상태를 점검하고 있다.
사진/백선엽

제주1훈련소를 강병대라고 불렀다. 강병대(强兵臺)에서 백선엽 총장을 비롯한 육군본부 간부들이 강병대 전체가 내려다 보이는 언덕에서 담당 장교의 브리핑을 듣고 있다.
사진/백선엽

모슬포 제1훈련소에서 훈련병들이 연막을 차장하고 실제 장애물 통과 시범을 보이고 있다. 제주도 특유의 화산재 돌담이 보인다.
사진/백선엽

아이젠하워는 1952년 11월 미 대통령 선거전에서 '한국 전쟁을 종결하겠다'는 선거 공약을 내걸고 승리, 공약 실천의 의지를 보여주기 위해 12월 2일 대통령 당선자 자격으로 내한했다. 아이젠하워의 방한은 도착시까지 극비에 붙여졌으며, 김포공항에 내린 후에도 동숭동 서울대의 미 8군사령부로 직행해 그곳에서 유숙했다. 이튿날인 12월 3일 아침 백선엽 참모총장은 아이젠하워가 주재하는 회의에 참석했다.

백선엽 총장은 한국군 증편에 대한 미국의 확약을 받기 위해 아이젠하워에게 한국군 20개 사단 증편 계획을 설명하며 특히 미군 1개 사단을 유지하는 비용으로 한국군 2~3개 사단의 유지가 가능하다는 점을 강조했다. 아이젠하워는 이 계획에 원칙적으로 동의한다는 뜻을 즉석에서 밝혔다. 아이젠하워는 이어 광릉에 예비 사단으로 주둔하던 송요찬 소장의 수도사단을 방문했다.

아이젠하워가 다녀간 지 보름 후쯤 미 대통령 선거전에서 낙선한 애들래이 스티븐슨이 잇달아 방한했다. 백 총장은 라이언 미 군사고문단장과 일리노이 주지사 출신의 민주당 후보인 스티븐슨을 전선의 제1사단부터 제주도 훈련소에 이르기까지 한·미 군부대를 샅샅이 시찰했다.

아이젠하워와 스티븐슨 등 미국의 정치 지도자의 방한을 계기로 국군 증강 계획은 박차를 가하게 된다. 대한민국으로서는 강력한 군대를 가져야 하는 것이 절체절명이었고, 휴전을 결심한 미국도 전후 미군의 주력을 한국에서 철수하자면 한국군이 자위 능력을 갖도록 지원하지 않으면 안 됐기 때문이다. 백선엽이 참모총장 취임시 10개 사단이던 국군은 1953년 7월 휴전시까지 16개 사단, 1953년 말까지는 20개 사단으로 계획된 증편을 완료하게 된다.

chapter

2

한국군 최초 4성장군 진급

1953년에 접어들자 클라크 유엔사령관은 이승만 대통령과 요시다 시게루 일본 수상과의 회담을 주선했다. 전쟁 중인 1951년 9월 8일 샌프란시스코 강화 조약으로 2차 대전 전후 미·일 관계를 정리한 미국이 다음 단계로 극동 우방국 간의 관계 재정립을 위해 정식 외교 관계조차 갖기를 꺼리고 있는 한·일 간에 변화의 계기를 마련하기 위한 조치였다. 이 대통령의 역사적인 일본 방문에는 백선엽 총장과 해군참모총장 손원일 제독이 수행했다. 당시 동경에 김정렬 공군 소장이 유엔군사령부에 연락 장교 단장으로 주재하고 있었기에 육해공군의 선임자가 대통령을 수행 보좌한 것이다.

1953년 1월 31일 백선엽 총장은 대장으로 진급했다. 국군에서 처음으로 4성 장군에 오르는 것이었다. 밴플리트는 1951년 4월 11일 미8군 사령관을 맡아 가장 어려울 때 가장 오랫동안 한국 전쟁을 지휘하고 군 경력을 마감했다. 그가 국군을 위해 특히 힘을 기울인 것은 4년제 육군사관학교의 창설 및 육성이었다. 1952년 4월 육군이 진해에 사관학교를 탄생시키는 데 크게 기여했다.

밴플리트의 후임은 맥스웰 테일러 중장이었다. 테일러 역시 제2차 세계대전 중 미 제101공수사단장으로, 노르망디 및 룩셈부르크 작전에 참가했고, 전후 베를린 봉쇄 사태 당시 서베를린 주둔 미군 사령관을 역임한 역전의 지휘관이었다. 포병 출신인 테일러는 군정가(軍政家)로서도 손꼽히고 있어 그의 임명은 휴전을 염두에 둔 포석으로 관측됐다. 테일러의 부임 직후인 1953년 3월 5일 소련 수상 스탈린이 사망함으로써 전쟁은 새로운 국면에 접어들었다. 교착되고 있던 휴전회담은 공산군의 후원자인 스탈린이 사망하자 협상을 마무리하기 위해 바쁜 움직임을 보이기 시작했다.

공항에 환영나온 마중객들. 이승만 대통령의 역사적 일본 방문에는 백선엽 참모총장과 손원일 해군참모총장이 수행했다. 당시 동경에 김정렬 공군 소장이 유엔사령부 연락장교단장을 맡고 있어서 육해공군 선임자가 대통령을 수행 보좌한 셈이 됐다.
사진/백선엽

1953년 접어들면서 클라크 유엔군사령관은 이승만 대통령과 요시다 시게루(吉田茂) 일본 총리와의 회담을 주선했다. 전쟁 중 1951년 9월 8일 샌프란시스코 강화조약으로 제2차 세계대전 전후의 미일관계를 정리한 미국이 그 다음 순서로 극동 우방국간의 관계 재정립을 주선하려 했던 것으로 보인다. 1953년 1월 5일 이승만 대통령 내외와 수행단은 클라크 사령관이 보내준 C-54 군용기편으로 부산 수영비행장을 떠나 하네다 공항에 도착했다. 사진/백선엽

클라크 유엔군사령관은 1953년 1월 5일 한일관계 개선을 위해 이승만 대통령을 도쿄에 있는 자신의 관저인 마에다 하우스로 초청해 요시다 시게루 일본 총리와의 회담을 주선했다. 왼쪽에서 세 번째부터 요시다 수상, 이승만 대통령, 클라크 사령관, 김용식 주일대사. 사진/백선엽

1953년 1월 26일 밴프리트 장군의 건국훈장 수여식. 좌로부터 이승만 대통령, 밴프리트 장군, 백선엽 참모총장, 손원일 해군참모총장. 더글러스 맥아더 장군을 비롯해 월턴 워커, 매슈 리지웨이 등 제2차 세계대전에서 찬란하게 떠올랐던 기라성 같은 장군들이 즐비하지만, 국군 육성에 가장 공을 들인 장성은 단연 제임스 밴플리트다. 사진/백선엽

이승만 대통령과 밴플리트
미 8군사령관. 1952년 8월 촬영.
사진/백선엽

1953년 1월 26일 이승만 대통령이 퇴역하는 밴플리트 사령관에게 건국훈장을 수여하고 있다. 네덜란드계 미국인으로 할아버지가 플로리다에 정착했다. 웨스트포인트를 졸업하고 우직했던 초급 장교 밴플리트는 영관급으로 성장한 뒤 제2차 세계대전 중 프랑스 유타 비치에서 공을 세웠고, 그리스 정부를 도와 현지의 공산 게릴라를 토벌했다. 6·25 전쟁이 발발하며 1951년 4월, 한국땅을 밟은 마음씨 좋은 이웃집 아저씨 인상의 밴플리트는 열정과 애정을 갖고 한국군을 육성했다. 밴플리트가 '한국 육군의 아버지'로 불리며, 그의 동상이 육군사관학교에 서 있는 이유다.
사진/백선엽

1952년경 밴플리트 미 8군사령관이
영국 국방상 알렉산더 원수(가운데)와 함께
부산 유엔군묘지 튀르키예(옛 터키)
묘역을 걷고 있다.
사진/NARA

밴플리트 미8군사령관의 부인 헬렌 여사가 밴플리트 사령관 송별파티에서 백선엽 참모총장에게 케이크를 접시에 담아주고 있다. 옆에 군 원로인 육군1훈련소장 이응준 중장의 모습도 보인다.
사진/백선엽

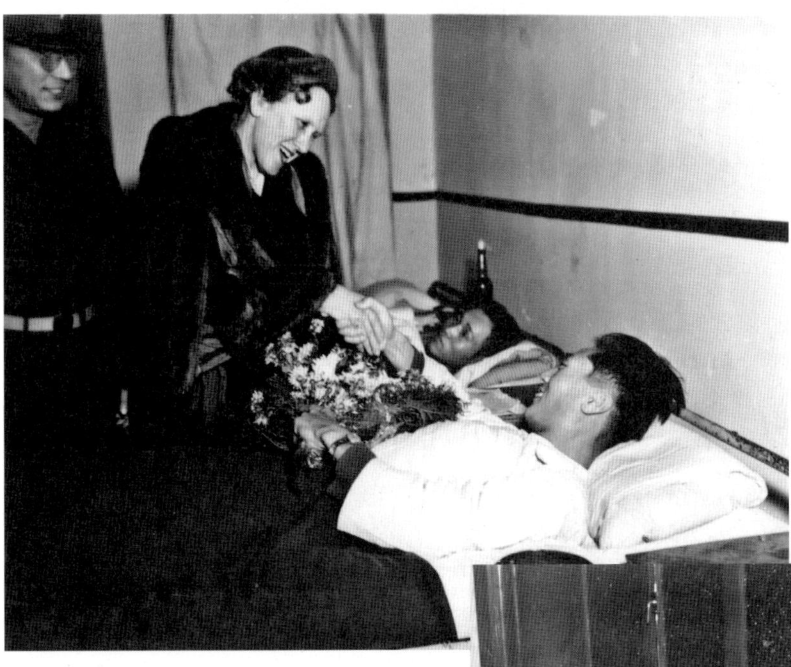

밴플리트 장군의 부인 헬렌 여사가 군 병원을 찾아 6·25전쟁에서 부상당한 장병들을 위로하고 있다. B-26 폭격기로 압록강 남쪽 50마일 지점에 있는 선천을 '정찰폭격'하러 갔다가 실종된 아들 제임스 밴플리트 주니어 대위 생각이 났을 것이다.
사진/백선엽

건국훈장 수상자인 미 8군사령관 밴플리트 장군과 담소를 나누는 이승만 대통령 내외. 1953년 1월 26일.
사진/백선엽

6·25전쟁 당시 이승만 대통령(왼쪽)
이 제임스 밴플리트 미 8군 사령관과
낚시를 하며 이야기를 나누고
있다. 밴플리트 장군은 이 대통령을
아버지처럼 존경했고, 이 대통령이
하와이에서 서거하자 군용기 편에
동승해 국립묘지 안장과정을
지켜보고 돌아갔다.
사진/Wikipedia

1953년 1월 26일 백선엽 참모총장이
콜린스 미 육군참모총장에게 태극기를
증정하고 있다.
사진/백선엽

1953년 3월 3일 아이젠하워 대통령이 백악관에서 미8군사령관으로 퇴역한 밴플리트 장군에게 전시공로훈장(Distinguished Service Medal)을 수여하며 환하게 웃고 있다. 밴플리트는 장교 생활 초기에 조지 마셜이 동명이인(同名異人) 술주정뱅이 지휘관 밴플리트와 혼동하는 바람에 진급에 큰 손해를 봤다. 밴플리트는 드와이트 아이젠하워, 오마 브래들리와 웨스트포인트 동기생이다. 아이젠하워가 제2차 세계대전에서 유럽연합군 최고사령관으로 노르망디 상륙작전을 지휘할 때 대령(연대장)으로 프랑스의 유타 비치에 상륙했다. 그 공로로 그는 노르망디 상륙작전 직후인 1944년에야 겨우 별 하나를 달아 미군의 장성 대열에 오를 수 있었다.
사진/NARA

건국훈장 수상자인 밴프리트 장군과 담소를 나누는 백선엽 참모총장. 1953년 1월 26일.
사진/백선엽

대장에 진급한 백선엽(맨 왼쪽) 장군이 경무대에서 이승만(맨 오른쪽) 대통령을 만나 악수를 나누는 모습. 백선엽 장군은 1953년 1월 31일 대장으로 진급했다. 박진석 비서실장의 연락을 받고 부산 경무대에 가니 이 대통령과 밴플리트 사령관이 백선엽의 양 어깨에 대장 계급장을 하나씩 달아주었다. 이 대통령이 "자네, 원래 우리나라에는 임금이 대장이고 신하에는 대장이 없었어. 지금은 공화국이니 자네가 대장이 된 거야"라며 격려했다. 미군은 병력 20만명 당 1명의 대장을 두는 것을 원칙으로 하고 있었다. 당시 국군으로서는 누구도 대장 계급을 바라보지 않았었다. 당시 대장 진급 사진은 경무대에서 촬영하지 못했고, 이 사진은 1954년 무렵 경무대에서 촬영한 것이다.
사진/백선엽

陸軍中將 白善燁
陸軍大將에 任함
大統領 李承晚
檀紀四千二百八十六年一月三十一日
國務總理署理 白斗鎭

이승만 대통령에게 받은 육군대장 임명장. 사진/백선엽

1953년 2월 4일 한국에 부임한 맥스웰 테일러 신임 미8군사령관이 대구 육군본부를 방문했다. 좌로부터 테일러 중장, 참모총장 백선엽 대장, 라이언 소장, 신응진 소장. 테일러는 제2차 세계대전 중 미 제101공수사단장으로 노르망디 및 룩셈부르크 작전에 참가했다. 포병출신인 테일러는 9개 국어를 구사하는 인물로 손꼽히는 군정가(軍政家)였다. 전후 베를린 봉쇄 사태 당시 서베를린 주둔 미군사령관을 역임한 역전의 지휘관이었다. 사진/백선엽

육군 대장 계급장을 칠한 철모를 쓴
백선엽 대장.
사진/백선엽

1953년 1월 31일 밴플리트 사령관은 서울대에서 명예법학박사 학위를 받았다. 당시 서울대를 비롯한 전시연합대학은 천막교사에서 명맥을 유지하고 있었기 때문에 명예박사 수여식은 당시 임시정부 청사가 있는 경남도청 강당으로 장소를 옮겨 열렸다.
사진/백선엽

1953년 2월 5일 밴프리트 장군을 환송하기 위해 이승만 대통령을 비롯해 전 국무위원들이 모였다. 밴플리트는 1951년 4월 11일 미8군사령관을 맡아 가장 어려울 때 가장 오랫동안 6·25전쟁을 지휘하고 군 경력을 마감했다. 그가 특히 국군을 위해 힘을 기울인 것은 4년제 육군사관학교의 창설과 육성이었다.
사진/백선엽

1953년 2월 26일 육군의장대를 사열하는 프랑스의 주왕(Juin) 원수.
사진/백선엽

1953년 3월 14일 대구 육군본부로 백선엽 참모총장을 만나러 온 뉴욕대 하워드 러스크(Howard A. Rusk) 박사(우측 두 번째), 뉴욕타임즈 기자 테일러(Eugene Taylor, 좌측 첫 번째), 주한미군사고문단장 라이언 장군.
사진/백선엽

1953년 3월 26일 미 제8군사령부에서 이승만 대통령이 참석한 가운데 미 제8군사령관 테일러 장군이 백선엽 장군에게 미 공로훈장을 수여하고 있다.
사진/백선엽

1953년 3월 26일 이승만 대통령 78회 생일파티. 좌로부터 미 8군 공병대 루메지 대령, 미8군 마틴 소장, 아담스 8군 참모장, 김태선 서울시장. 사진/백선엽

1953년 4월 5일 대구 육군참모총장 공관에서 백선엽 총장이 테일러 미8군사령관과 참모들을 불러 만찬하는 모습. 노인숙 여사가 한국식 전골을 미군 장성들에게 대접했다. 사진/백선엽

백선엽 참모총장은 신설 사단에 충원할 포병지휘관과 포병장교의 육성에 힘썼다. 1952년 포병감을 지낸 신응균 소장(신태영 국방장관 장남)이 포병증강 계획의 일환으로 포병지휘관 양성방안을 백선엽 총장에게 제출했다. 부사단장급 고참 보병 대령 중에서 요원을 선발해 집중 포병교육을 시킨 다음 이들을 포병으로 전과시켜 각 사단의 포병지휘관으로 배출한다는 내용이었다. 보병의 인사적체까지 해결하는 아이디어였다. 이때 포병사령관 요원으로 선발된 사람이 박정희 대령(중앙)이다. 사진은 포병지휘관으로 선발된 요원들이 백선엽 참모총장에게 임명장을 받는 모습. 사진/백선엽

참모총장 시절의 백선엽 장군.
1953년 4월 10일 촬영. 사진/백선엽

1953년 4월 10일 백선엽 총장이 육군본부에서 참모부 요원들과의 기념 촬영을 했다. 사진/백선엽

1953년 4월 2일 여의도 미 육군 장관 스티븐슨 내한 환영식에 참석한 백선엽 참모총장. 좌로부터 미 육군 장관 스티븐슨, 백선엽 참모총장, 클라크 유엔군사령관, 신태영 국방장관, 헬렌 KCOMZ(병참관구사령부) 장군, 최용덕 공군참모총장. 사진/백선엽

1953년 4월 15일 진해 해병대 창설 4주년 기념식에 참석한 미 육군 및 미 해군 제독들.
좌로부터 김종오 장군, 군사고문단장 로저스 준장, 라이언 미 군사고문단장, 백선엽 장군. 맨 우측은 김성은 해병 교육단장. 사진/백선엽

1953년 4월 24일 백선엽 총장이
미 군사고문단을 환송을 겸한 오찬을 하고 있다.
좌로부터 김점곤 육본작전국장(준장),
KMAG 고든 로저스 준장, 라이언
미 군사고문단장, 백선엽 육군참모총장.
사진/백선엽

1953년 4월 28일 백선엽 참모총장이 미 제10군단을 방문, 클라크 장군,
헌병대장과 함께 의장대를 사열하고 있다. 사진/백선엽

1953년 5월 백선엽 총장이 일선부대를 시찰하기 위해 사열대에서 내려오는 이승만 대통령을 부축하고 있다. 사진/백선엽

1953년 5월 제1차 전몰 국군장병 합동추모식이 열렸다. 오른쪽으로부터 최용덕 공군참모총장, 박옥규 해군참모총장, 백선엽 육군참모총장, 손원일 국방장관. 사진/백선엽

1953년 5월 미국을 방문하는
백선엽 참모총장이 동경에 잠시
내렸다. 김용식 주일공사와
유엔군사령부 연락장교단장
김정렬 소장이 공항에 마중 나왔다.
사진/백선엽

1953년 5월 5일 백선엽 참모총장이
일본 다치가와공항에 내리고 있다.
김용식 주일대사의 뒷모습도 보인다.
태극마크를 부착했으나 미군 조종사가
조종하는 미 공군 수송기다.
사진/백선엽

동경에서 극동군사령관 클라크 장군을
만난 백선엽 참모총장. 1953년 5월 7일.
사진/백선엽

1953년 5월 1일 하와이에 도착한 백선엽 참모총장이 한국 전선에서 함께 싸웠던 태평양 육군사령관 오다니엘 장군(중장)을 반갑게 맞고 있다.
사진/백선엽

하와이 국립묘지에서 오준정 하와이 총영사와 함께 헌화하는 백선엽 참모총장. 1953년 5월 8일. 사진/백선엽

워싱턴에서 교육중인 장교들을 격려하는
백선엽 참모총장. 1953년 5월 4일.
사진/백선엽

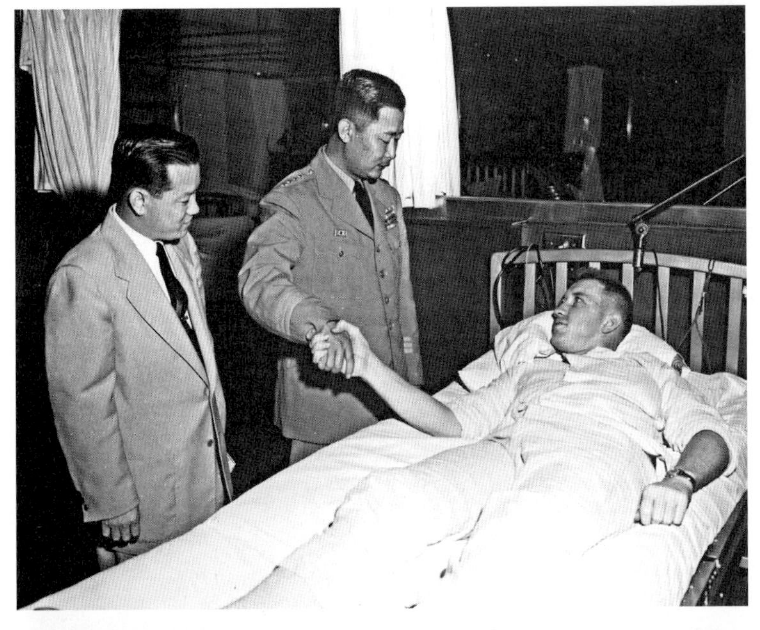

하와이 미 육군병원을 방문한
백선엽 참모총장. 1953년 5월 9일.
사진/백선엽

미 육군 장관 스티븐슨(왼쪽)과
헐 미 육군참모차장(오른쪽)과 이야기를
나누는 백선엽 총장. 헐 참모차장은
콜린스 참모총장의 지시로 백선엽 장군을
아이젠하워 대통령과 만날 수 있도록
주선했다. 1953년 5월 9일.
사진/백선엽

미 보병학교에 유학중인 장교들을 접견하고 있는 백선엽 육군참모총장. 사진/백선엽

미 보병학교에서 교육중인 학생들과 함께한 백선엽 참모총장.
좌로부터 조경학 중령, 이성율 중령, 백선엽 참모총장, 손희선 대령, 김갑주 소령, 이근용 중령. 1953년 5월 21일. 사진/백선엽

1953년 5월 23일 백선엽 총장이 미 보병학교에서 한국군 장교들과 담소를 나누고 있다. 미 보병학교에는 손희선(소장 예편)을 단장으로 한 유학생이 수백 명이나 있어 마치 국군 보병학교를 옮겨놓은 듯한 느낌이 들 정도였다. 통역장교를 두고 교육을 했으나 교육성적은 우수했다. 사진/백선엽

백선엽 총장이 포트베닝(보병학교)에서 유학 중인 육군 장교들을 격려하고 있다. 사진/백선엽

1952년 11월 19일 백악관에서 트루먼 대통령과 아이젠하워 대통령 당선자가 미팅을 갖고 있다. 6·25전쟁 휴전에 대한 논의도 있었을 듯하다. 사진/NARA

1952년 12월 3일 방한한 아이젠하워가 백선엽 총장에게 선물한 가죽가방이다. 아이젠하워는 '백선엽 참모총장에게 우정의 표시로 선물을 전달한다'는 내용의 편지와 함께 가방에 'Lieutenant General paik, DDE'라고 새겨 전달했다. 그런데 백선엽 장군은 안타깝게도 이 가방을 분실했다고 한다. 사진/백선엽

1953년 5월 15일 미 육군사관학교 박물관에 진열되어 있는 태극기를 바라보고 있는 백선엽 참모총장. 백선엽 장군이 다부동 전투가 끝난 후 마이켈리스 당시 미 제25사단 제27연대장에게 기념으로 전달한 것이다. 사진/백선엽

1953년 5월 15일 뉴욕의 미 육군사관학교(웨스트포인트)를 방문한 백선엽 참모총장. 사진/백선엽

1953년 5월 15일 미 육군사관학교를 방문해 생도대장 마이켈리스 준장에게 을지훈장을 수여하고 격려하는 백선엽 참모총장. 사진/백선엽

태극기를 꺼내 바라보는 마이켈리스 생도대장과 생도들. 그 옆에 김종오 장군과 웨스트포인트 간부들이 바라보고 있다. 사진/백선엽

마이케리스 생도대장이 백선엽 총장에게 웨스트포인트에 대해 설명하고 있다. 백선엽 총장은 회고록에서 웨스트포인트는 아이젠하워, 맥아더, 패튼, 워커, 리지웨이, 밴플리트, 테일러 등을 배출한 학교답게 엄청난 자부심을 갖고 있었다고 했다. 사진/백선엽

1953년 5월 25일 웨스트포인트에서
한국 육군사관학교에 전달하는 선물을 받고 있는
백선엽 참모총장. 미 3군사령부 참모총장대리
힐(W. H. Hill) 대령이 3군 지역에서
재활캠페인으로 모은 첫 번째 선물 꾸러미라고
설명하고 있다. 남성인 대위가 통역하고 있다.
사진/백선엽

1958년 5월 백선엽 참모총장은 맥아더 원수가 만년에 머물고 있던
뉴욕의 월도프 아스토리아호텔에서 맥아더를 만났다.
이때 백 장군은 6·25 당시의 고마움을 한국민을 대표해 전할
수 있었다. 맥아더 원수는 자신의 친필 사인이 담긴 회고록
(Reminiscences)을 백 장군에게 선물로 주었다. 사진/백선엽

백선엽 총장의 방미 마지막 일정은 캔사스주의 지휘참모대학(Command and
General Staff College)에서 보름 동안 교육을 받는 것이었다.
이곳의 교장은 호디스 소장으로 휴전회담 대표로
문산과 개성을 오가며 일했던 사람이다.
사진/백선엽

백선엽 총장에 대한 미 지휘참모대학 교육은 20여명의 교관이 전문 분야별로 속성교육을 실시하는 것이었다. 사진은 기갑 장교가 미7군이 사용하는 전차의 포격시스템에 대해 설명하고 있는 모습.
사진/백선엽

미 지휘참모대학에서 여러 명의 교관들이 백선엽 참모총장 한 사람을 두고 집중적으로 교육하는 모습. 교육을 열흘 정도 받고 있을 무렵, 백선엽 총장은 이승만 박사의 귀국 지시를 받는다. 반공포로 석방이 임박한 것이었다. 사진/백선엽

1953년 5월 미 1군사령부를 방문해 지휘관들과 기념촬영을 한 백선엽 참모총장. 사진/백선엽

필립 진저 미 제45사단장이 백선엽 참모총장이 기념 케이크를 자르는 것을 바라보고 있다. 1923년 8월 오클라호마 주방위군으로 탄생한 미 제45사단은 1951년 미 제1군단 예하부대로 참전, 폭찹고지, 단장의 고개 전투 등을 치렀다. 사진/백선엽

손원일 국방부장관과 반갑게 인사를 나누는 백선엽 육군참모총장. 사진/백선엽

로저스 소장, 백선엽 참모총장, 진저스 소장, 한국군 장성이 기념촬영을 했다.
사진/백선엽

콜린스 육군참모총장이 변영태 국방부장관과 대화하고 있다.
사진/백선엽

미 육군참모총장 자격으로 방한한 리지웨이 대장이 국군 장성들에게 훈시를 하고 있다. 정면에 지휘봉을 든 이가 테일러 미 8군사령관이다. 사진/백선엽

1953년 3월 15일 아이젠하워가 다녀간 지 보름 후 미 대통령선거에서 아이젠하워에게 패한 애들라이 스티븐슨이 방한했다. 그는 한국군을 증강하면 미군 철수가 가능한지 관심을 가졌다. 사진은 제11사단장 오덕준 소장이 스티븐슨 전 상원의원에게 한국군 사훈련 모습을 설명해 주고 있다. 사진/백선엽

광주 교육부대에서 훈련병에게 훈시 중인 스티븐슨 전 상원의원과 변영태 외무부장관. 1953년 3월 16일. 사진/백선엽

금성전투가 가열되기 직전인 1952년 말경, 화천 제2군단을 방문한 이승만 대통령. 왼쪽부터 정일권 제2군단장, 이 대통령, 백선엽 육군참모총장, 테일러 미 8군사령관. 사진/백선엽

판문점의 휴전 회담은 스탈린의 사망 이후 큰 진전을 이뤄 1953년 4월 20일에는 상이 포로를 교환하기에 이르렀다. 4월 20일부터 5월 3일 사이 판문점에서 '리틀 스위치'라고 불리는 상이포로 교환이 있었다.

1953년 5월 중순, 백선엽 총장은 미 육군참모총장 콜린스 대장의 초청으로 미국을 방문하게 됐다. 백선엽은 미국에 도착해 버크 제독 등 한국전 참전 장성들과 만났고, 밤새 한국의 장래를 토론한 끝에 이튿날 콜린즈 총장을 찾아가 아이젠하워 대통령의 면담을 주선해 달라 요청했다. 콜린스의 주선으로 아이젠하워와의 면담은 어렵사리 성사됐다.

백선엽은 한국민의 안전보장을 위해 한미상호방위조약(Mutual Defence Pact)을 체결해 달라고 요청했다. 아이젠하워는 상호방위조약은 아시아 국가와는 드문 케이스이고, 상원의 인준을 받아야 한다고 했다. 이것이 1954년 11월 18일 체결된 한·미 상호방위조약의 시발이었을 것이다.

백선엽은 뉴욕에서 웨스트포인트와 미 제1군사령부를 방문했다. 17발의 예포 속에 방문한 웨스트포인트에서 제1사단장 시절 다부동 전투 때 함께 싸웠던 생도대장 마이켈리스를 재회했다. 월돌프 아스토리아 호텔의 펜트하우스에 거주하는 맥아더를 예방한 것도 뉴욕에서였다.

이 무렵 이승만 대통령은 미국의 휴전에 대해 온몸을 던지는 최후의 저항을 준비하고 있었다. 이 대통령이 미국에 연수중인 백선엽 참모총장을 비롯해 모든 육군 장성들을 부른 것은 반공포로 석방을 극비리에 준비하면서 부산 정치 파동 때의 실패를 되씹어 혹시 이번에도 군이 그의 뜻을 거스르지 않도록 신경을 쓴 듯했다.

6월 18일 새벽 2시, 부산, 마산, 광주, 논산 등 전국에 산재한 포로수용소에서 북한으로의 송환을 거부하는 반공포로들은 일제히 수용소를 탈출했다. 원용덕 중장의 헌병총사령부는 수용소 경비를 장악, 사전에 준비한 대로 거사 순간에 때맞춰

chapter

3

반공포로 석방과 휴전

철조망을 끊고 전등을 껐다. 그리고 경비 임무를 일제히 포기하는 형식을 빌어 포로들의 탈출을 도왔다. 2만7000여 명의 포로가 심야에 일제히 탈출했다.

미국은 휴전 회담을 파국으로 몰고 갈지도 모를 이 사태를 수습하기 위해 국무부 극동 담당 차관보 월터 로버트슨을 특사로 급거 서울로 파견했다. 전쟁 3주년인 1953년 6월 25일에 콜린스 육군참모총장과 함께 내한한 로버트슨은 경무대로 들어가 연일 이 대통령과 회담을 벌였다. 백선엽도 이 회담이 열리는 동안 수시로 경무대를 드나들었다.

'소휴전회담'이라고 불린 18일간의 이·로버트슨 회담에서 이 대통령은 장기 상호방위조약, 20개 사단에 대한 충분한 군원, 수억 달러의 군사 및 경제 원조 같은 약속을 얻어 냈다. 이승만 대통령은 이 조건을 얻어 내는 대신, 휴전을 받아들이겠다는 것을 양해했다.

금성 전투에서 공세를 멈춘 공산측은 1953년 7월 19일 새로운 자세로 판문점의 휴전회담에 임했다. 반공포로 석방에도 불구하고 공산측은 휴전협정의 서명을 위한 준비에 착수할 뜻을 밝혔다. 양측의 연락 장교들은 중공군의 최후 공세로 변경된 전선에 따라 군사분계선을 서로 확정하고 7월 27일 협정에 서명하기로 합의했다. 이승만 대통령은 백선엽을 불러 휴전 협정 조인에 국군 대표가 가지 않는 게 좋겠다고 결론지었다. 이승만 대통령이 우리 측이 휴전협정의 당사자로 서명하기를 회피한 것은 휴전 이후에 대해 유엔, 즉 미국이 책임을 지도록 하는 구상 때문이었다. 7월 27일 상오 10시 판문점에서 서명된 휴전 협정 서류가 교환되고, 그로부터 12시간 후인 밤 10시부터 휴전이 발효됐다. 마침내 전쟁은 끝났다. 전쟁은 이 땅에 수많은 젊은이들의 피를 뿌리게 한 채 '38선'을 '휴전선'으로 대치했다.

육군대장 백선엽. 사진/백선엽

미 제25사단이 지키고 있는 참호선이 있는 금화지구 골짜기의 왼쪽 모습. 1952년 12월 9일 촬영한 사진이다. 공산군은 휴전이 성립되기 직전에 전선의 몇몇 중요한 지형을 탈취하려고 했다. 전쟁을 그들이 승리로 마감했다는 선전용이었다. 6월의 위기를 넘기고 휴전을 목전에 두고 중공군은 금성 돌출부를 노렸다. 백선엽이 제1, 제2군단장을 거치며 담당했던 곳이었다. 금성전투는 휴전을 보름 앞둔 1953년 7월 13일 중공군이 국군 담당 전면만을 골라 기습적 총공세를 가했다. 정일권 군단장의 국군 제2군단이 고전했으나, 테일러 미 8군사령관은 미 제25사단장 새뮤얼 윌리엄즈 소장을 국군 제2군단 부군단장으로 투입해 사태를 수습했다. 유엔군과 국군은 병력과 물량공세로 고비를 넘겼다. 중공군의 공격을 금성선에서 저지는 했으나 휴전을 일주일 앞두고 폭 31km의 금성 돌출부에서 최대 9km까지 땅을 빼앗기고 말았다. 테일러는 돌출부를 상실한 이 전투의 결과에 불만을 품고 전투에 참가했던 군단장들과 사단장들과 악수도 거부했다. 북진통일을 외치며 최후의 순간까지 휴전 반대를 주장해 온 이승만 대통령은 이 전투의 결과로 다소 체면의 손상을 입었다. 중공군은 이곳에서 6만 6000명의 사상자를 감수했다.
사진/백선엽

1953년 7월 금성지구 전투에 투입된
제6사단 제7연대 병사들이 중공군의 공격을
방어하기 위해 참호에서
사격태세를 취하고 있다.
사진/조선일보

1952년 12월 경 미 제40사단의
T-66 다연장로켓을 적진을 향해
발사하고 있다.
사진/NARA

미 해병 제1사단 포병요원들이 홍천 인근에서 적 진지를 향해 155mm포를 사격하고 있다. 사진/NARA

미군이 야간에 적진을 향해 155mm포를 퍼붓고 있다. 1952년 12월 15일. 사진/NARA

서울에서 학생들이 임박한 휴전을 앞두고 주먹을 하늘로 올리며 구호를 외쳐가며 격렬하게 휴전반대 시위를 벌이고 있다. 1953년 6월 16일. 사진/NARA

미 제1해병사단 병사들이 중공군 병사들을 생포하고 있다. 1951년 3월 23일. 사진/NARA

미 제25사단 소속 군인들이 중부 전선에서 중공군 진지를 폭파하기 위해 곡사포를 장전하는 모습. 1951년 11월 20일. 사진/NARA

1953년 무렵 전차로 고지에서 사격하고 있다. 사진/한동목, 육군

1953년 6월 25일 전쟁 3주년을 맞아 전국에서 휴전반대 시위가 일어났다.
북진을 외치는 여학생들이 부산 미 대사관 앞에서 휴전회담 반대 시위를 하고 있다. 사진/조선일보

판문점에서 휴전회담 모습. 1953년 6월 10일. 사진/백선엽

휴전회담장 북측 지역 모습. 공산측 연락장교와 기자들이 모여있다.
1953년 6월 10일. 사진/백선엽

휴전 당시의 판문점의 전경. 당시의 초가집은 판문점으로 들어가기 위한 관문이다. 1953년 6월 10일.
사진/백선엽

휴전협정 조인식이 열린 판문점 외곽을 유엔군측 병사가 경비하고 있다.
사진/NARA

1953년 6월 13일, 휴전을 보름 앞두고 경무대에서 미군 지휘부와 만난 이승만 대통령. 왼쪽부터 미 합참의장 지명자 아서 래프포드 제독, 이승만 대통령, 엘리스 브릭스 주한 미대사, 변태영 외무부장관, 미8군사령관 맥스웰 테일러 중장.
사진/NARA

판문점 회담 재개를 위한 일정을 논의하기 위해 제임스 머레이 해병 대령의 안내로 판문점으로 향하는 연락장교단.
왼쪽부터 머레이 해병 대령, 이수영 대령, 통역 호레이스 언더우드 중위, 공산군 측 통역, 노만 중령.
사진/NARA

포로 수용소에서 북한군 포로들에게 DDT(살충제)를 살포하고 있다. DDT는 빈대와 벼룩이 먹지 않고 단지 몸에 닿기만 해도 효과를 나타내는 당시엔 획기적인 접촉성 살충제였다. 사진/NARA

북한군 포로들이 저녁식사를 기다리고 있다. 포로수용소는 미군의 책임 하에 있었기 때문에 포로들은 미군이 정한 식사기준에 따라 비교적 배불리 먹고 있었다. 미 성조지에 '한국군의 식사는 포로의 급식보다 못하다'는 기사가 게재돼 큰 파장이 일기도 했다. 사진/NARA

1952년 2월 19일 포로 교환을 확인하기 위해 판문점을 방문한 이승만 대통령 내외와 테일러 미 8군사령관.
사진/국제적십자위원회(ICRC)

중공군 포로가 포로수용소에서 세탁을 하고 있다.
사진/NARA

공산군 포로들이 포로수용소에 시설을 건축하는 일과를 마치고 세수를 하고 있다.
통상 전투현장에서 포로가 되면 간단한 심문을 받고 바로 포로수용소로 이송돼 의복과 식사, 의료 처치를 받을 수 있었다. 공산군들은 포로로 잡히는 것이 행운인 셈이다. 사진/NARA

1951년 12월경 제9포로수용소의 포로가 점심 식사를 배식받고 있다. 사진/NARA

중국으로 송환을 거부하는 중공군 포로들이 팔에 'RESIST COMMUNISM AND RUSSIA(공산주의와 소련에 반대한다)'라고 적어 보이고 있다. 사진/NARA

1953년 7월 판문점의 포로교환. 사진/한동목, 육군

1953년 8월 5일 송환된 국군 포로가 북한에서 억류중 당한 비인간적 대우를 혈서로써 항의하고 있다. 사진/NARA

포로수용소를 방문해 반공포로들과 만난 이승만 대통령. 사진/백선엽

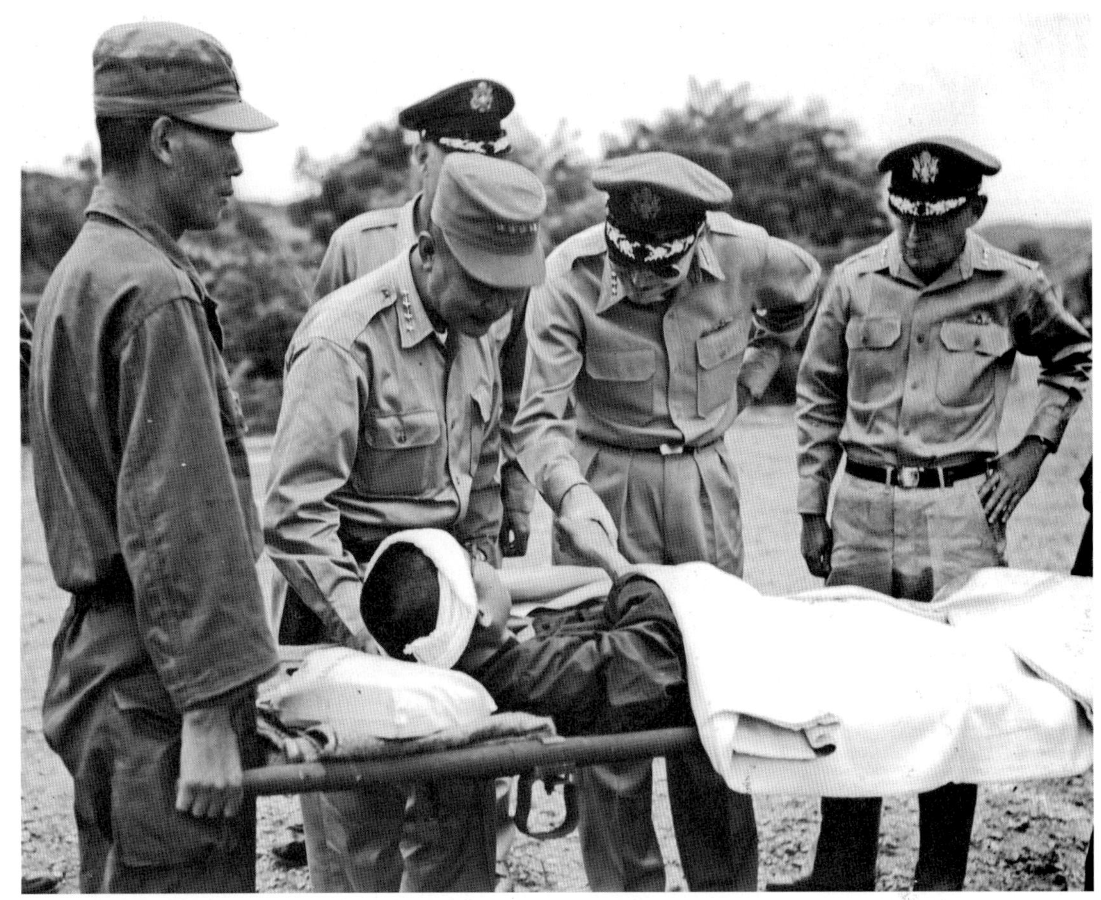

1953년 3월 28일 김일성과 펑덕회는 병들고 부상한 포로를 우선 교환하자는 한 달 전의 클라크 유엔군사령관의 '리틀 스위치' 제안을 받아들였다. 4월 20일부터 5월 3일 사이 판문점에서 5194명의 북한군 포로, 1030명의 중공군 포로가 북으로 송환되고, 471명의 국군포로와 149명의 유엔군 포로가 남으로 귀환했다. 아군 포로의 귀환이 현격히 적은 이유는 북한군이 포로를 북한군에 편입시켰기 때문으로 알려졌다. 리틀스위치 현장에 나간 백선엽 참모총장. 사진/백선엽

1953년 6월 18일 부산 제9포로수용소의 크게 뚫린 철조망. 원용덕 소장의 헌병총사령부는 수용소 경비를 장악, 사전에 준비한 대로 새벽 2시 거사 순간에 때맞춰 철조망을 끊고 전등을 껐다. 그리고 경비를 일제히 포기하는 형식을 빌어 포로들의 탈출을 도왔다.
사진/조선일보

반공포로 석방은 이승만 대통령이 미국을 상대로 행사할 수 있는 유일한 카드였다. 반공포로 석방에서 휴전 조인까지 약 한 달 간 이 대통령이 외교적 수완을 유감없이 발휘해 거대 미국을 상대로 외롭게 투쟁하며 대한민국의 장래를 위해 모든 것을 쟁취해 낸 극적인 기간이었다. 석방을 항의하기 위해 석방 당일 동경에서 클라크 유엔군사령관이 날아왔고, 미국은 휴전회담을 파국으로 몰고 갈지도 모를 이 사태를 수습하기 위해 국무부 극동담당 차관보 월터 로버트슨을 특사로 서울에 급파했다.
사진/백선엽

휴전 직전인 1953년 6월 10일 이승만 대통령이 백선엽 참모총장과 일선 지휘관들을 소집해 우리 국군의 휴전 후 안보태세 확립을 강조했다. 이 대통령은 미국을 방문중인 백선엽 참모총장을 서둘러 귀국시켰던 것도 반공포로 석방을 극비리에 준비하면서 부산정치파동 때처럼 군의 이탈을 막기 위한 조치였다.
사진/백선엽

1953년 6월 11일 대구 동촌비행장 K-2 활주로에서 의장대 사열 중인 백선엽 참모총장과 유재흥 참모차장, 하렌 소장, 로저스 주한미군사고문단장.
사진/백선엽

손원일 국방부장관 취임후 육군본부 간부들과 저녁식사를 하고 있다.
사진/백선엽

1953년 7월 2일 국방부 옥상에서 열린 국방부장관 이취임식에서 물러나는 신태영 국방부장관이 이임사를 하고 있다.
사진/백선엽

신태영 장관의 이임식에 이어 손원일 국방부장관이 취임식사를 하고 있다.
사진/백선엽

1953년 7월 5일 백선엽 참모총장과 미 9군단장 루벤 젠킨스(Reuben Jenkins) 중장이 제1사단을 방문했다.
사진/백선엽

1953년 7월 7일 제1사단을 방문한 백선엽 참모총장을 영접하는 사단장 김동빈 준장.
사진/백선엽

제1사단을 방문한 백선엽 참모총장이 지프를 타고 이동하고 있다. 1953년 7월 7일. 사진/백선엽

1953년 7월 15일 제3군단장 강문봉 장군으로부터 보고를 받고 있는 백선엽 참모총장. 사진/백선엽

한미 각 군 수뇌부 기념촬영.
좌로부터 제2사단장 강영훈 소장, 헌병사령관 석주암 소장, 백선엽 참모총장, 미 장성, 이준식 소장, 육사교장 안춘생 소장. 1953년 7월 18일.
사진/백선엽

1953년 7월 27일 판문점 휴전회담 조인식 장면. 오전 10시 정각 양측 대표가 착석해 11분 만에 끝났다. 유엔군 측 해리슨 장군과 북한 측 남일 장군은 서로 악수도 목례도 없이 무표정한 얼굴로 협정문서에 각각 서명했다. 왼쪽 책상에서 유엔군 측 대표 해리슨 장군이, 오른쪽 책상에서는 공산군 측 남일 장군이 서명하고 있다. 사진/NARA

한국어 영어 중국어로 된 정전 협정문서. 정본 9통, 부본 9통이다. 사진/조선일보

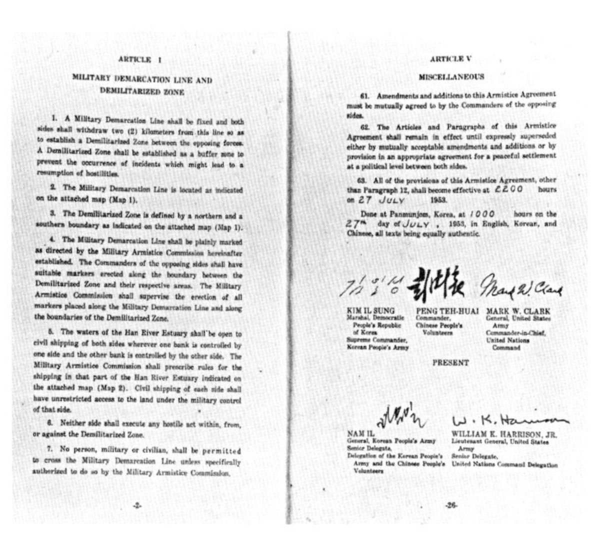

ARTICLE I

MILITARY DEMARCATION LINE AND DEMILITARIZED ZONE

1. A Military Demarcation Line shall be fixed and both sides shall withdraw two (2) kilometers from this line so as to establish a Demilitarized Zone between the opposing forces. A Demilitarized Zone shall be established as a buffer zone to prevent the occurrence of incidents which might lead to a resumption of hostilities.

2. The Military Demarcation Line is located as indicated on the attached map (Map 1).

3. The Demilitarized Zone is defined by a northern and a southern boundary as indicated on the attached map (Map 1).

4. The Military Demarcation Line shall be plainly marked as directed by the Military Armistice Commission hereinafter established. The Commanders of the opposing sides shall have suitable markers erected along the boundary between the Demilitarized Zone and their respective areas. The Military Armistice Commission shall supervise the erection of all markers placed along the Military Demarcation Line and along the boundaries of the Demilitarized Zone.

5. The waters of the Han River Estuary shall be open to civil shipping of both sides wherever one bank is controlled by one side and the other bank is controlled by the other side. The Military Armistice Commission shall prescribe rules for the shipping in that part of the Han River Estuary indicated on the attached map (Map 2). Civil shipping of each side shall have unrestricted access to the land under the military control of that side.

6. Neither side shall execute any hostile act within, from, or against the Demilitarized Zone.

7. No person, military or civilian, shall be permitted to cross the Military Demarcation Line unless specifically authorized to do so by the Military Armistice Commission.

-2-

ARTICLE V

MISCELLANEOUS

61. Amendments and additions to this Armistice Agreement must be mutually agreed to by the Commanders of the opposing sides.

62. The Articles and Paragraphs of this Armistice Agreement shall remain in effect until expressly superseded either by mutually acceptable amendments and additions or by provision in an appropriate agreement for a peaceful settlement at a political level between both sides.

63. All of the provisions of this Armistice Agreement, other than Paragraph 12, shall become effective at 2200 hours on 27 JULY 1953.

Done at Panmunjom, Korea, at 1000 hours on the 27th day of JULY, 1953, in English, Korean, and Chinese, all texts being equally authentic.

KIM IL SUNG
Marshal, Democratic People's Republic of Korea
Supreme Commander, Korean People's Army

PENG TEH-HUAI
Commander, Chinese People's Volunteers

MARK W. CLARK
General, United States Army
Commander-in-Chief, United Nations Command

PRESENT

NAM IL
General, Korean People's Army
Senior Delegate,
Delegation of the Korean People's Army and the Chinese People's Volunteers

WILLIAM K. HARRISON, JR.
Lieutenant General, United States Army
Senior Delegate,
United Nations Command Delegation

-26-

조선인민군 최고사령관
조선민주주의인민공화국원수
김 일 성

중국인민지원군
사령원

국제련합군 총사령관
미국 륙군 대장
마-크 더블유. 클라크

영문본 정전 협정문. 유엔군측은 클라크 유엔군사령관, 공산군측은 팽덕회와 김일성이 각각 서명했다. 사진/조선일보

유엔군사령관 클라크 대장이 비통한 표정으로 정전협정 조인서에 서명하고 있는 장면. 김일성과 팽덕회도 서명하고 있다. 클라크 대장은 그의 저서 《다뉴브강에서 압록강까지》에서 '전쟁에서 상대에게 항복을 받아내지 못한 첫 미군사령관'이라고 적었다. 사진/조선일보

1953년 4월 10일 유엔군 측 대표인 미 해군 존 다니엘(John C. Daniel) 소장이 협정 타결을 알리며 회담장을 나서는 모습. 사진/NARA

1953년 7월 29일 미 해병대원이 전투중지 명령을 받고 환호하고 있다. 사진/NARA

1953년 7월 23일 판문점에서 휴전회담을 취재하는 유엔군측 종군기자들.
사진/U.S. Navy

반공포로들이 열차편으로 남쪽으로 향하고 있다.
사진/조선일보

백선엽 참모총장이 휴전 당일 판문점에 나가 귀환하는 국군포로들을 맞이했다.
포로들은 비통한 얼굴로 묵묵히 내려와 우리 품에 안기는 순간부터 안도감에 눈물을 흘렸다. 귀환 포로 중 장교는 거의 눈에 띄지 않았다. 백 총장은 서양 행진곡을 연주하는 군악대장에게 "우리 민요를 연주하라"고 해 아리랑, 도라지 멜로디가 판문점에 울려퍼졌다. 사진/백선엽

열차편으로 서울에 온 반공포로들이 서울시민들의 환영을 받고 있다. 남북한 어느 곳도 원치 않는 소수의 북한군 출신 포로는 인도군 티마야 중장이 이끄는 인도군 중립국 송환위원회의 심사를 거쳐 인도, 브라질, 아르헨티나 등지로 보내졌다. 사진/NARA

스티븐슨 미 육군 장관(왼쪽), 테일러 미8군사령관(가운데) 등 유엔군측 고위급 장성들도 판문점에 나왔다. 덜레스 미 국무장관, 클라크 사령관, 손원일 국방부장관도 귀환 포로를 맞이했다. 사진/백선엽

1953년 9월 4일 이승만 대통령(왼쪽)이 미군 장성으로는 유일하게 북한군에 잡힌 뒤 3년 동안 포로생활을 하다 돌아온 윌리엄 딘 소장(가운데)에게 무공훈장을 수여하고 있다. 미 극동군사령부 마크 클라크 대장이 지켜보고 있다. 사진/백선엽

백선엽 참모총장이 덜레스 미 국무장관(오른쪽 둘째), 리처드슨 미 국무부 극동담당 차관보,(가운데), 테일러 미 8군사령관과 귀환 포로를 맞고 있다. 사진/백선엽

중공 귀환을 거부하는 중공군 포로 2만여명은 라이밍탕(賴名湯) 공군소장의 인솔로 인천항에서 자유중국 소속 LST편으로 대만으로 향했다. 사진은 스티븐스 육군장관, 라이밍탕 공군소장, 테일러 미8군사령관이 지켜보는 가운데 백선엽 참모총장이 서명하는 모습. 사진/백선엽

공산포로들이 태도를 돌변했다. 1953년 8월 북한군 송환포로들이 포로교환 지점에서 벗어던진 옷가지와 신발들이 길가에 어지러이 널려 있다. 사진/조선일보

1953년 8월 23일 귀환하는 미군 포로 가족들이 캘리포니아 포트 메이슨에 정박해 있는 제너럴 넬슨 워커호를 향해 손을 흔들며 환호하고 있다. 사진/U.S Army

판문점에 설치한 공산군 포로교환소.
사진/조선일보

중국 송환을 거부하는 중공군 포로들이 서울로 들어오면서 장개석 초상화와 중화민국 국기를 펄럭이며 행진하고 있다. 사진/NARA

1953년 8월 9일 미 덜레스 국무장관이 이승만 대통령과 첫 번째 회담을 마치고 경무대를 떠나고 있다. 양측은 한국이 재침략을 받는다면 미국이 지원하고, 미군의 한반도 주둔을 허용하는 내용의 한미상호방위조약에 합의했다. 사진/NARA

1953년 10월 1일 워싱턴에서 변영태 외무장관(오른쪽)과 덜레스 미 국무장관이 한미상호방위조약에 서명하고 있다. 휴전반대 북진통일을 내세우고 반공포로를 석방한 이승만 대통령의 강수에 미국은 두 손을 들고 휴전에 대한 반대급부로 한미상호방위조약 체결에 동의했다. 사진/조선일보

1953년 7월 휴전협정 조인된 직후 군사분계선에서 유엔군(오른쪽)과 북한군이 날카롭게 대치하고 있다. 사진/NARA

제5장

동양 최대의 야전군을 창설하다

제1야전군사령관

최초의 제1야전사령부 창설

전후복구 지원사업을 시작하다

1953년 가을로 접어들자 미군은 철수를 시작했다. 휴전으로 미군의 철수는 기정사실화한 것이었다. 국군은 미군의 공백을 메울 대비책을 강구해야만 했다. 휴전 당시 미군 3개 군단, 국군 2개 군단이 담당하는 155마일 전선에서 미군은 서부 전선의 1개 군단만을 남기고 모두 단계적으로 철수하도록 예정돼 있었기 때문에 국군은 시급히 그 공백을 메울 군단급 사령부의 창설을 서둘렀다.

군단 창설은 1952년 백선엽이 군단장으로서 제2군단을 창설했던 때와 마찬가지로 선발된 사령부 요원을 미군 군단에 합류시켜 미군과 합동 근무를 하는 현장 교육을 거쳐 담당 정면의 임무를 그대로 인수하는 형식을 취하게 됐다. 휴전 직전인 1953년 5월부터 강문봉 소장이 이끄는 제3군단 창설 요원들은 북한강에서 펀치볼에 이르는 중동부 전선을 담당한 관대리의 미 제10군단사령부에 들어가 군단 창설 준비 및 소정의 교육을 받고 1953년 10월 미 제10군단의 임무를 인계받았다.

이어 1958년 10월 최영희 소장의 제5군단 창설 요원이 미 제9군단에서 교육받아 이듬해 초 철원 일대의 정면을 담당했다. 이렇게 해서 서부전선을 제외한 동부 및 중부전선은 국군 4개 군단이 도맡게 됐다. 또 이한림 소장의 제6군단 창설요원도 서부전선의 미 1군단에서 교육을 받고 1954년 중반부터 종전 미 제1군단 정면의 동쪽 절반을 담당하게 됐다.

이렇게 전선의 임무를 국군에 이관한 미군과 유엔군은 인천항을 통해 썰물처럼 본국으로 빠져 나갔다. 미군은 동부전선에서 서부전선 순으로 정연한 순서에 따라 철수했다. 더러는 부산항을 거치기도 했고, 김포에서 대형 4발 군용기로 본국으로 공수되기도 했다.

국군의 군단이 단기간에 5개 군단으로 확대 편성됨에 따라 한미군의 지휘 체계에도 변화가 왔다. 그것은 제1군사령부의 창설로써 상징된다. 1953년 12월 제2사단장이던 김웅수 소장이 후임을 강영훈 소장에게 인계하고 제1군사령부 참모장에 내정돼 관대리의 미 제10군단사령부로 창설 준비 요원들과 함께 들어갔다.

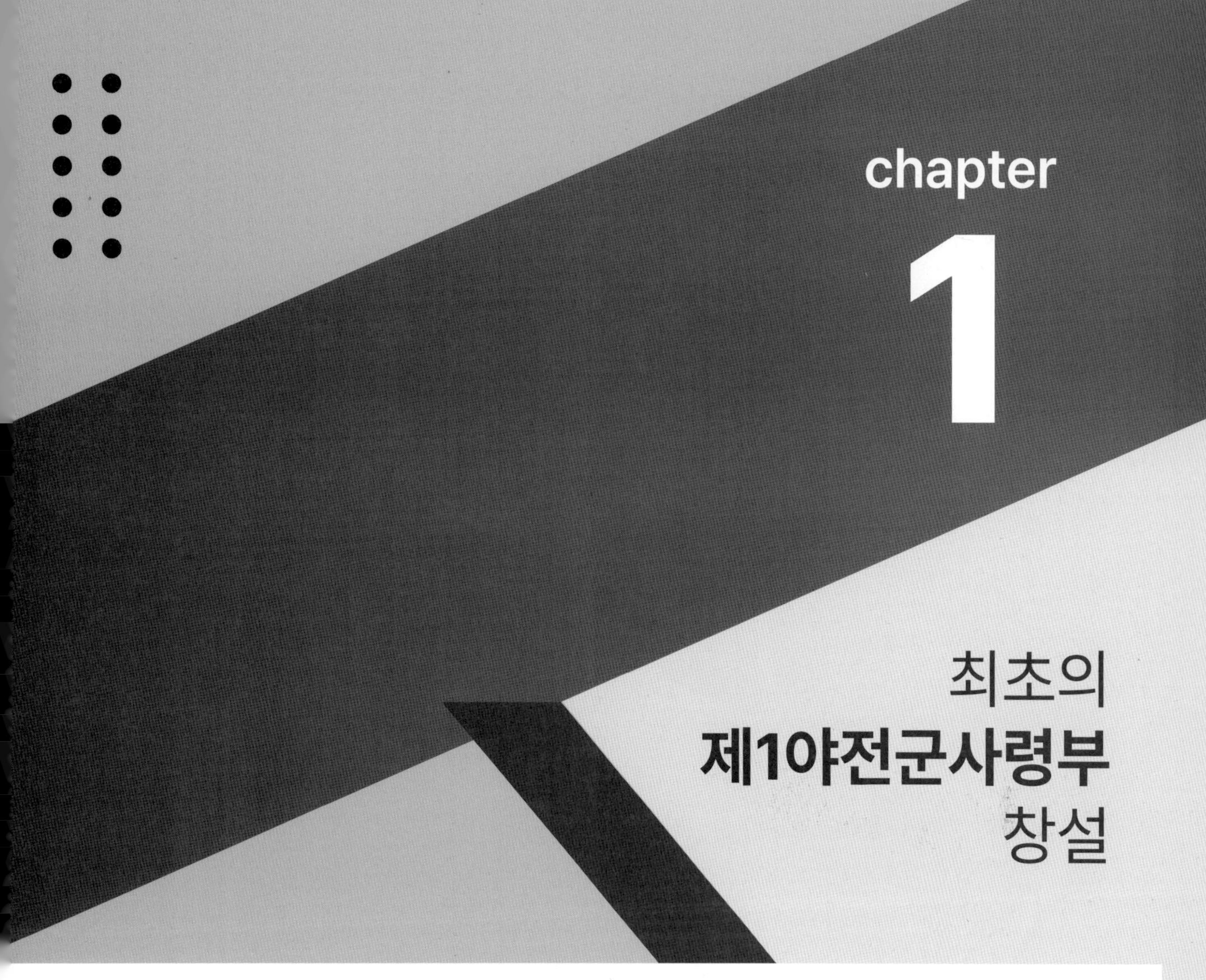

chapter

1

최초의 **제1야전군사령부** 창설

미 8군은 동시에 제1군사령부의 창설을 돕기 위해 요원들의 훈련을 담당할 미 제10군단장에 브루스 클라크 중장(유럽주둔군 사령관 역임), 참모장에 크레이튼 에이브럼즈 대령을 임명했다. 1954년 2월 14일 이 대통령은 육군 지휘 체계의 개편에 대비하도록 고급 장성의 인사를 단행했다. 정일권, 이형근 장군이 이 날짜로 대장에 승진, 정일권 대장이 육군참모총장에 복귀했고 이형근 대장은 신설된 연합참모본부 총장에 임명됐다. 연합참모본부는 육·해·공, 해병대와 협의해 전략을 수립하고, 각 군단과 연계되는 업무를 기획·조정하는 임무를 담당하게 됐다.

백선엽 참모총장은 이와 동시에 총장직에서 물러나 창설을 앞둔 제1군사령관에 임명됐다. 후속 인사로 제1군단장에는 김종오 중장, 제2군단장에는 장도영 중장이 각각 임명됐다. 백선엽은 미 제10군단에 합류해 1군 창설 준비에 들어갔으며, 백선엽 자신도 클라크 군단장과 에이브럼즈 참모장이 실시하는 교육에 참가했다.

제1군사령부는 1954년 5월 원주에서 정식으로 발족했다. 제1군사령부는 제1, 제2, 제3, 제5군단을 휘하에 두고 중부 및 동부 전선을 총괄하게 됐으며, 4개 군단의 16개 사단을 지휘하게 돼, 당시로서 동양 최대 규모의 야전군의 하나로서 위용을 갖추게 됐다. 서부전선은 미 제1군단(3개 사단), 국군 제6군단(4개 사단)을 합해 제1집단군단(1st Corps Group)으로 재편됐다. 이것이 오늘날 한미야전사령부의 전신이다.

임시 수도 부산에서 1954년 정부가 서울로 옮기는 것과 동시에 미 8군사령부는 동숭동 서울대학교 터에서 용산으로 주둔지를 옮겼다. 서울로 복귀한 육군본부는 제1군사령부를 통해 제6군단을 포함한 국군 군단 및 예하 부대에 대한 행정 교육 훈련 및 군수 지원을 담당했다. 제1군사령부에 이어 1954년 7월 제2군사령부(사령관 강문봉 중장)가 대구에 창설됐다. 신설 제2군사령부는 전시 KCOMZ(미 병참관구 사령부)의 업무를 인계받아 후방 지역을 담당했다.

제1군사령부 간판.
사진/백선엽

155mm포를 배경으로 선 백선엽 제1군사령관.
사진/백선엽

1953년 12월 15일,
중동부 전선인 관대리에서
1야전군사령부가 창설됐고,
1954년 2월 초대 사령관에
육군총참모장을 역임한 백선엽 대장이
취임했다. 제1군사령부 요원들이
창설지인 관대리에 설립한 창설지
비석 앞에 모여 기념촬영을 했다. 제
1군사령부는 1954년 7월 창설지인
관대리에서 제반 시설이 양호한 현
주둔지 원주로 이동했다. 이후 관대리가
소양강댐 건설로 수몰되자,
비석도 원주의 사령부로 이전했다.
사진/백선엽

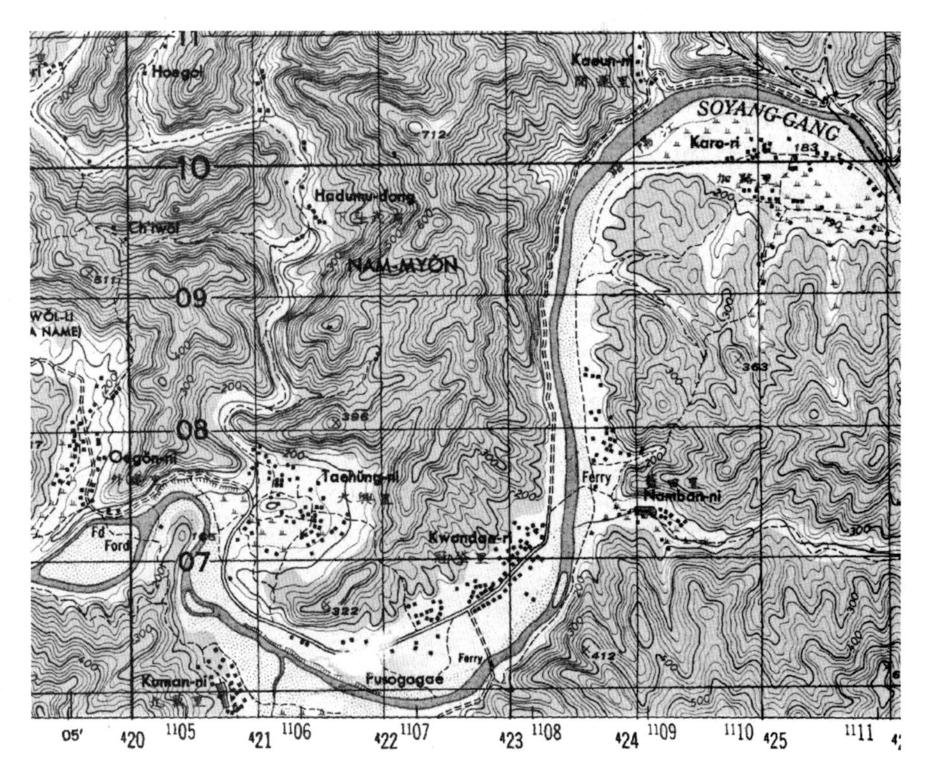

강원도 인제군 남면 관대리
제1야전군사령부가 들어선 지도.
소양강이 굽이쳐 흐르는 곳에
배산임수를 한 지형이다.
넓은 모래사장에 사령부 건물과
간이비행장도 설치됐다.
사진/백선엽

사령부 창설 초기, 제1군사령부 소속 부대들은 인근 해변으로 가 배구대회를 열기도 했다. 사진/백선엽

백선엽 사령관이 군사령부 마당의 자갈돌을 삽으로 파고 있다. 사진/백선엽

1954년 2월 14일 이승만 대통령은 군사령부 창설 등 육군 지휘체계 개편에 맞춰 고급 장성인사를 단행했다. 정일권, 이형근 장군이 같은 날짜에 대장으로 승진했다. 사진/백선엽

정일권 제2군단장은 다시 육군참모총장에 복귀했고, 이형근 대장은 신설된 연합참모본부 총장에 임명됐다. 이 대통령은 참모총장을 거친 정일권 장군과, 군번 1번인 이형근 장군 사이에 차등을 두기 어려워 고심 끝에 같은 날 대장 계급장을 달아주었다. 사진/백선엽

행사장에서 나란히 한 백선엽 제1군사령관과 정일권 육군참모총장. 백선엽 대장과 정일권 대장은 군시절 각별했다. 1945년 10월 하순 적위대가 조만식 선생의 경호대를 해산하는 등 김일성의 북로당 공산당 조직이 강화되자 백선엽은 정일권에게 남으로 가도록 종용했고, 정일권은 백 대장의 아우 백인엽과 함께 1945년 12월초 남행길에 올랐다. 백선엽은 12월 하순 김백일, 최남근과 함께 12월 27일밤 38선을 넘어 월남했다. 사진/백선엽

1953년 1월 육군 대장으로 퇴역한 밴 플리트 장군이 아이젠하워 대통령 특사로 한국 재건사업을 위해 한국을 방문했다가 백선엽 대장과 정일권 대장을 만났다. 사진/백선엽

백선엽 제1군사령관과 브루스 클라크 미 제10군단장. 미8군은 제1군사령부의 창설을 돕기 위해 요원들의 훈련을 담당할 인물로 제10군단장 클라크 중장을 선택하고 참모장에 윌리엄 에이브람스 대령을 임명했다. 클라크는 미군 통틀어 자타가 공인하는 군령(軍令)의 일인자였다. 사진/백선엽

클라크 미 제10군단장의 참모장 크레이튼 에이브럼즈(Creighton Abrams) 대령. 그는 패튼 장군의 휘하의 이름 날리는 전차대대장이었다. 웨스트 모어랜드 대장의 후임으로 주월미군사령관과 육군참모총장을 역임했다. 미군의 최신형 M1 전차에 그의 이름을 딴 '에이브람스 전차'로 명명하고 있다. 사진/WikiPedia

백선엽 대장은 1953년 12월 제2사단장이던 김웅수 소장 후임으로 강영훈 소장(전 국무총리)을 임명하고, 김 소장을 1군 참모장에 내정해 관대리의 미 제10군단사령부로 창설 준비요원들과 함께 들어갔다. 사진은 미 제10군단 입소를 기념해 브루스 클라크 군단장과 함께 사열을 받고 있는 백선엽 제1군사령관. 사진/백선엽

미군은 전후 본국으로 철수하면서 보유하고 있던 막대한 무기들을 남기고 떠났다. 전차와 야포를 비롯해 총포, 탄약, 차량, 유류 및 공병, 병참, 축성자재와 각종 부품들을 육군이 인수했다. 백선엽 사령관이 미군에서 인계받는 155mm 곡사포를 배경으로 사진을 찍었다. 사진/백선엽

제1군사령부 창설요원들이 '교육은 전투다'는 슬로건을 붙여놓고 교육에 임하고 있다. 사진/백선엽

백선엽 대장은 육군참모총장을 역임한 4성장군이었지만, 국군은 그때까지 군단급보다 상위 사령부를 가져보지 못했기 때문에 클라크 장군과 에이브람스 대령이 실시하는 교육에 빠짐없이 참석했다. 사진/백선엽

백선엽 장군이 1군 창설요원들이 105mm 곡사포 운용하는 것을 지켜보고 있다. 사진/백선엽

미8군사령관 아이작 화이트 대장(오른쪽)에게 브리핑하는 백선엽 제1군사령관. 사진/백선엽

백선엽 제1군사령관이
군사고문단장 라이언 준장과
이야기를 나누고 있다.
사진/백선엽

백선엽 사령관이 제1군사령부 메이스 군사고문관과 협의하고 있는 모습. 사진/백선엽

1954년 4월 15일 한국군 최초의 야전군인 제1군사령부 창설기념식. 실제 부대창설일은 2월 15일이었으나, 사령부 건물 건축 등 창설준비를 하느라 두 달 정도 늦어진 것이다. 사진/백선엽

제1군사령부 창설식에서 이승만 대통령과 테일러 미8군사령관이 국기에 대한 경례를 하고 있다. 사진/백선엽

1954년 4월 15일 클라크 미 제10군단장이 제1군사령부 부대기를 백선엽 제1군사령관에게 전달하고 있다. 제1군사령부는 1, 2, 3, 5 군단을 휘하에 두고 중부와 동부전선을 총괄하게 됐다. 또 4개 군단의 16개 사단을 지휘하게 돼 당시로서 동양 최대 규모의 야전군의 하나로서 위용을 갖추게 됐다. 사진/백선엽

부르스 클라크 미 제10군단장과 이형근 연합참모본부 총장이 지켜보는 가운데 정일권 육군참모총장이 태극기를 백선엽 제1군사령관에게 전달하고 있다. 1954년 4월 15일. 사진/백선엽

제1군사령부 창설식을 마치고 사령부 앞에 기념식수를 하는 백선엽 신임 제1군사령관. 소나무로 보이는 나무를 심고 있는 이가 브루스 클라크 미 제10군단장. 사진/백선엽

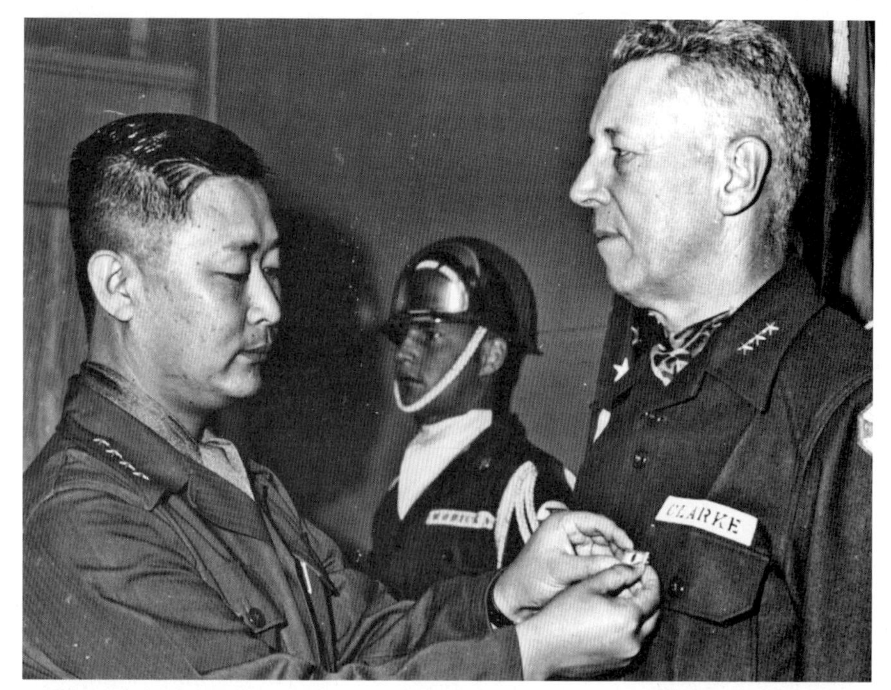

백선엽 제1군사령관이 제1군사령부 창설에 기여한 브루스 클라크 미 제10군단장에게 정부 훈장을 수여하고 있다. 사진/백선엽

이승만 대통령이 제1군사령부기에 수치(綬幟·유공 단체를 포상할 때 주는 끈으로 된 깃발)를 달고 있다. 사진/백선엽

제1군사령부 창설 기념식에 참석했던
이승만 대통령이 횡성에 있는 마리누스 덴 오우덴
(1909~1951) 중령 현충비를 참배했다.
1951년 2월 11일~13일 벌어진 횡성전투에서
미 제2사단에 배속돼 당시 네덜란드 대대를 지휘하며
미 제2사단의 철수를 돕다가 오우덴 중령을 비롯해
네덜란드 대대원 15명이 전사했다. 사진/백선엽

백선엽 대장이 제1군사령관 시절 경무대에서 한미 지휘부와 만났다.
두 번째줄 두 번째가 미 존 헐 유엔군사령관, 이승만 대통령, 화이트 미 8군사령관,
김용우 국방부장관, 이형근 연합참모 총장. 사진/백선엽

제1군사령관 백선엽 대장이 정일권 육군참모총장, 손원일 국방부장관, 미군사고문단장
코르넬리우스 라이언 소장과 담소를 나누고 있다. 사진/백선엽

백선엽 사령관이 김용우 국방부장관과 이야기를 나누고
있다. 김용우 장관은 이기붕 장관처럼 민간인 출신
장관이다. 사진/백선엽

테일러 미 8군사령관이 대전차 로켓 사격에 대해 지시봉으로 가리키며 설명하고 있다. 백선엽 장군과 맨 뒤에 군사고문단장 로저스 소장이 보인다. 사진/백선엽

백선엽 1군사령관이 사령부 창설 유공으로 훈장을 받은 참모들과 함께 했다. 우측으로부터 민기식 장군, 한신 장군, 김점곤 장군, 김동빈 장군, 백선엽, 문형태 장군. 사진/백선엽

제1군사령부를 창설하고 한미 군지휘부가 기념촬영을 했다. 백선엽 장군을 중심으로 테일러 미8 군사령관, 정일권 육군참모총장, 앞줄 맨 왼쪽에 부르스 클라크 미 제10군단장이 있다. 사진/백선엽

1956년 8월 15일 제3대 대통령 취임식과 광복절 기념식이 열리고 있다. 이 대통령은 1952년 8월 직선제 개헌 과정에서 부산 정치파동을 겪으면서 제2대 대통령에 취임했었다. 사진/백선엽

1954년 정부가 임시수도 부산에서 서울로 옮기는 것과 동시에 동숭동 서울대 터에서 용산으로 옮긴 미8군사령부는 국군 제1군사령부와 한미의 제1 집단군단에 대한 작전권을 계속 행사했다. 용산의 미 8군사령부 사열대에 모인 한미 지휘부들. 왼쪽부터 백선엽 1군사령관, 존 헐 유엔군사령관, 이형근 연합참모본부 총장, 맥스웰 테일러 미 8군사령관.
1955년 4월 1일부로 존 헐 유엔군사령관이 맥스웰 테일러에게 자리를 물려준다.
사진/백선엽

정일권 육군참모총장 주재로 군 수뇌부 회의를 하고 있다. 백선엽 제1군사령관과 유재흥 제2군단장, 이응준 육군참모차장. 사진/백선엽

제1군사령부 예하 부대를 찾은 이승만 대통령이 부르스 클라크 미 제10군단장과 이야기를 나누고 있다. 그 옆이 백선엽 사령관. 사진/백선엽

백선엽 제1군사령관이 화이트 미 8군사령관의 이야기를 듣고 있다. 가운데 최영희 제5군단장이 이야기를 듣고 있다. 사진/백선엽

제1군사령부 장성들과 군사고문단장이 외부 요인이 M1 소총으로 사격하는 것을 재미있게 바라보고 있다. 사진/백선엽

이승만 대통령이 백두산 부대(제21사단) 창설식에 참석해 부대 장병들을 격려하고 있다. 사진/백선엽

백선엽 제1군사령관이 소형 망원경을 손에 들고 신기해하고 있다.오른쪽 선그래스 쓴 사람이 이형근 연합참모회의 총장, 왼쪽은 외국군으로 보인다. 사진/백선엽

백선엽 1군사령관이 김종오 제1군단장과 반갑게 악수하고 있다. 6·25전쟁 초기 백선엽 장군은 문산방어선에서, 김종오 장군은 개전초 제6사단장으로 춘천과 의정부 방어에서 각각 선전했다. 이후 김종오 장군은 중공군의 춘계공세 때 제3군단이 해체되는 바람에 제3사단장에서 물러났다가 휴전이 임박해 제9사단장으로 백마고지 전투에서 혁혁한 공을 세웠다. 사진/백선엽

편안한 분위기의 제1군사령부 지휘부.
왼쪽부터 최영희 제5군단장,
제1군 군사고문단장, 백 장군. 사진/백선엽

제1군 사령부에 이어 1954년 7월 제2군 사령부가 대구에 창설됐다. 신설 제2군사령부는 전시 KCOMZ(미 병참관구사령부)의 업무를 인계받아 후방 지역을 담당했다. 오른쪽부터 백선엽 제1군사령관과 이준식 육군본부 참모부장, 강문봉 제2군사령관. 강문봉 장군은 백선엽 장군이 제1군단장으로 옮길 때 후임 제1사단장으로 서부전선에서 잘 싸웠다. 김창룡 특무부대장 암살의 배후로 재판을 받아 사형선고를 받았다. 그때 재판장이 백선엽 제1군사령관이었다. 사진/백선엽

간호장교들과 함께 한 백선엽 제1군사령관. 사진/백선엽

원주 제1군사령부에 있는 제1군사령부 장병 휴게소, '와룡장'. 접대실이라고 쓴 게 재미있다. 사진/백선엽

훈련에 투입하는 장교의 군장을 점검해 주고 있는 백선엽 제1군 사령관. 철모에 '인사장교'라고 붙였다.
사진/백선엽

제1군사령부 화력시범 행사에서 참석한 지휘관들에게 연설하고 있는 백선엽 사령관. 사진/백선엽

화력시범 현장을 참관하는
백선엽 제1군사령관과 군사고문단.
사진/백선엽

1군 작전지역을 살펴보는 백선엽 사령관.
사진/백선엽

제1군사령부의 전초부대
GOP(일반전초)를 방문한
백선엽 사령관이 야간투시장비를 통해
적진을 살펴보고 있다. 사진/백선엽

차량노상검사를 하는 제1군사령부. 사고 예방을 위해 차량의 정비상태를 불시에 점검하고 있다. 맨 왼쪽이 김종오 제1군단장, 오른쪽에서 세 번째가 함병선 제2군단장. 사진/백선엽

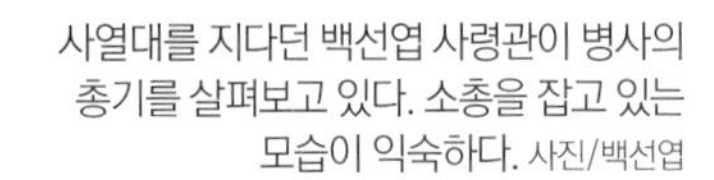

사열대를 지나던 백선엽 사령관이 병사의 총기를 살펴보고 있다. 소총을 잡고 있는 모습이 익숙하다. 사진/백선엽

제1군사령부 관할인 강원도 철원 지역의 제6사단 청성부대의 전방 철책을 방문한 백선엽 사령관. 사진/백선엽

설악산 미시령길처럼 높은 고지대의 산허리를 잘라 도로를 내고 있다. 백선엽 사령관이 참모들과 함께 쪼그린 자세로 포즈를 취했다. 사진/백선엽

백선엽 사령관이 '친정'인 제1사단을 방문해 신병들의 군복 옷매무새를 바로잡아주고 있다. 그 옆이 김동빈 제1사단장. 사진/백선엽

제1군사령부 내 언덕에 위치한 1군 교회. 지역의 원로, 미군 장성들이 백선엽 사령관과 초등생들 사진 찍듯 나란히 했다. 사진/백선엽

제1군사령부 창설에 이어 1954년 7월 제2군사령부를 대구에 창설하고 강문봉 중장을 사령관에 임명했다. 신설 2군사령부는 전시 미 병참관구사령부(KCOMZ)의 업무를 인계받아 후방지역 방어를 담당했다. 1955년부터 휘하에 예비사단이 창설돼 후방의 향토 방위와 유사시 예비전력으로 역할을 담당하게 됐다.
사진/백선엽

제3군단은 1953년 강문봉 소장이 이끄는 창설요원들이 북한강에서 펀치볼에 이르는 중동부 전선을 담당한 관대리 미 제10군단 사령부에 들어가 군단 창설 준비와 해당 교육을 받고 1953년 10월 미 제10군단의 임무를 인계받았다. 사진은 제3군단에 외국 인사가 방문해 사열하고 있는 모습.
사진/백선엽

백선엽 제1군사령관이 제5군단 승진부대를 방문했다.
앞줄 왼쪽이 아이젠하워 특사로 파견된 밴플리트 전 미 8군사령관, 가운데가 정일권 참모총장. 사진/백선엽

1953년 강원 양양 강현리에서 제1군단 예하 제25사단이 창설됐다. 사진/백선엽

이종찬 육군대학교 총장이 백선엽 장군에게 명예졸업증서를 수여하고 있다. 백 사령관은 1953년 5월 참모총장 시절 육군대학 총장을 겸직한 적이 있다. '단기 4290년 10월 28일'이라 적혀 있는 것으로 보아 1957년 백선엽 사령관이 2차 참모총장으로 옮기는 시점으로 보인다. 사진/백선엽

제1군사령부를 방문한 김홍일 장군. 김홍일 소장은 시흥지구전투사령부를 설치하고 흩어진 병력을 수습해 한강 이남에 방어선을 구축하는 데 큰 공을 세웠다. 김 소장의 활약으로 육군은 병력을 추슬러 재편할 수 있었고, 시흥사는 곧바로 제1군단으로 변천해 초대 1군단장을 지냈다. 1951년 3월 신성모 시절 쿠데타설에 연루돼 강제 대만 대사에 임명돼 10년간 근무했다. 김홍일 장군의 뒤를 이어 백선엽 장군이 대만대사로 나갔다. 사진/백선엽

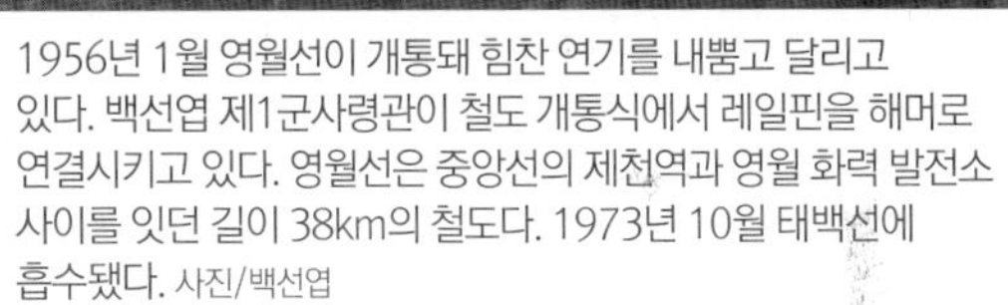

1956년 1월 영월선이 개통돼 힘찬 연기를 내뿜고 달리고 있다. 백선엽 제1군사령관이 철도 개통식에서 레일핀을 해머로 연결시키고 있다. 영월선은 중앙선의 제천역과 영월 화력 발전소 사이를 잇던 길이 38km의 철도다. 1973년 10월 태백선에 흡수됐다. 사진/백선엽

프란체스카 여사가 백선엽 사령관과 악수하는 모습을 이승만 대통령이 지켜보고 있다. 사진/백선엽

노인에게 현지 경찰을 칭찬하면서 이야기를 나누는 백선엽 사령관. 사진/백선엽

한국선명회를 만든 피어슨 박사가 백선육아원의 원생을 1군사령부에 비행기를 태워 데려왔다. 사진/백선엽

송요찬 제3군단장에게 제1군사령관 바통을 넘겨주는 백선엽 제1군사령관. 이어 참모총장 자리도 백 장군에게 이어받았다. 송요찬 장군은 백선엽 장군이 제1군단장일 때부터 수도사단장으로 인연을 맺어 백야전투사령부에서 공비토벌에 활약했고, 동부전선의 전투에서 맹활약한 잘 싸운 군인이다. 사진/백선엽

성탄절을 맞아 백선엽 장군은 제1군사령부의 참모를 보내 백선육아원 원생들에게 학용품과 옷가지, 장난감, 과자 등을 보냈다. 사진/백선엽

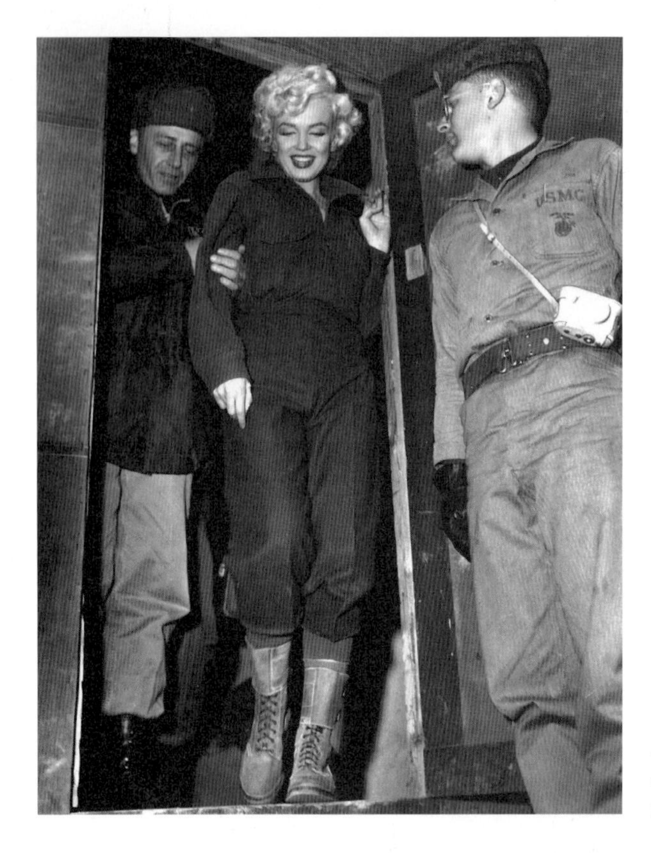

1954년 2월 16일 영화배우 마릴린 먼로가 군복을 입고 무대로 나오고 있다. 마릴린 먼로는 유명 프로야구선수 조 디마지오와 일본으로 신혼여행을 왔다. 그녀는 신혼여행 중 짬을 내 한국전선에 홀로 왔던 것이다. 사진/NARA

마릴린 먼로가 미 제3사단 장병들을 위문 방문했다. 마릴린 몬로에 광적으로 열광하자 주최측에서 오프닝 공연을 취소하기도 했다. 사진/NARA

1945년 2월 16일 마릴린 먼로가 해병 사단 장병 1만3000여 명 앞에서 곡을 열창하고 있다. 사진/NARA

마릴린 먼로가 한국 전선을 찾아서 쇼를 펼치고 있다. 먼로는 먼저 미 공군의 춘천기지 캠프 페이지에 도착해 공연을 했다. 사진/NARA

국군의 편제와 규모는 확충됐다고 하나 그 유지는 전적으로 미국의 지원과 원조를 전제로 하고 있었다. 전쟁 중 부산에는 피복창, 병기창, 공병 기지창, 차량 재생창, 지도 인쇄창 등이 설치돼 일부 군수품을 조달했다. 그러나 여기서 나오는 품목은 거대해진 군을 유지하는 데 미미한 것들이었다. 그나마 생산이라기보다 재생 또는 정비에 그치고 있었다.

미군은 전후 본국으로 철수하면서 그들이 보유하고 있던 막대한 양의 군용 물자를 남기고 떠났다. 부산에서는 창고째로 육군에 이관하기도 했다. 전차와 야포를 비롯해 총포, 탄약, 차량, 유류 및 공병, 병참, 축성 자재와 각종 부품들을 육군이 인수했다. 전방의 제일선을 넘겨받은 국군 군단, 사단은 105mm, 155mm 곡사포까지의 총포와 구형인 퍼싱 및 M-46전차를 인수했다.

이 무렵 한국군이 미군으로부터 인수받은 군수품의 양은 육군이 4~5년 간 사용할 수 있는 엄청난 것이었다. 실제로 휴전 이후 수년간 이 물자로 국군이 유지됐고, 이것이 차차 소진되면서 군사 원조에 의존, 매년 군원의 규모에 따라 국방 예산이 조정됐다. 전선을 미군으로부터 인수한 국군은 한동안 진지 재편성과 축성 작업에 나날을 보냈다. 미군을 대신해 우리가 전선을 수호하자면 더 깊은 참호와 지뢰 및 중첩된 장애물이 필요했기 때문이다.

한편 당시는 국군의 증강 못지 않게 나라의 전후 복구가 발등에 떨어진 과제였다. 국민들은 헐벗고 굶주리고 있었다. 전후 복구 사업 또한 군에게 주어진 초미의 과업이었다. 거의 모든 가용 물자가 미군을 통해 정부, 그 중에서도 국군에 집중 공급됐다. 조직적으로 동원할 인력도 군만이 보유하고 있었기 때문이었다.

그 첫 사업이 미군대한원조(AFAK)였다. 미군은 이 계획에 따라 시멘트, 목재, 유리, 철근, 못 등 공병 자재를 각 군부대에 공급해 전쟁으로 파괴된 공공시설을 복구하도록 지원했다. 해당 지역은 전방은 8군, 후방은 한국후방관구사령부(KCOMZ)와 협의해서 군인 또는 민간인들을 동원해 건설 사업을 벌였다. 학교 900여 개소, 병원 200여 개소, 고아원 100여 개소 등 공공시설을 복구했다. 미군의 영향으로 300여 개의 교회도 세워져 이 땅에 기독교가 번성하는 계기를 가져왔다. 이때 현재의

chapter

2

전후복구 지원사업을 시작하다

세브란스병원이 '미8군 기념 병원'으로 복구됐고, 대구의 효성여대, 강릉의 관동대 건물도 지어졌다. 미군은 또 식품과 생필품을 정부에 주어 국민들에게 배급토록 했다. 밀가루, 설탕, 분유 레이션과 수건, 비누 등이 모처럼 나돌게 됐다.

미국의 경제 원조도 전후 즉시 이뤄졌다. 미국은 전쟁 중 벌써 우리나라의 전후 경제 부흥에 관심을 갖고 정부 측과 협의를 벌였다. 휴전 후 미국 국제개발처(AID) 초대 처장으로 부임한 타일러 우드는 경제 공백 상태인 한국을 사실상 그의 손에 넣고 쥐락펴락했다.

1957년 원조 자금으로 충주비료 공장 건설을 서두른 것은 비료의 자급자족을 꾀하기 위해서였다. 충주비료는 우리나라 유일의 화학 공장이었기 때문에 초창기의 화학 기술자치고 이곳을 거쳐가지 않은 사람이 없을 정도였다. 또 유엔 한국부흥위원단(UNKRA)도 휴전 직후부터 유엔 기금으로 경제 부흥을 도왔다. 단장은 미 제9군단장 출신으로 낙동강 전선과 청천강에서 싸웠던 존 콜터였다. 운크라에 의해 세워진 공장이 문경시멘트와 인천초자이다. 문경시멘트는 이정림이 인수, 대한양회를 거쳐 1975년 쌍용양회에 흡수 합병됐고, 인천 판초자는 최태섭이 인수해 오늘의 한국유리로 발전했다.

미국의 이러한 전폭적 물자지원에는 그늘도 존재했다. 군부 내의 군수물자 유출이 골치거리였다. 모포 한 장을 들고 나가는 사병에서부터 피복과 주·부식을 빼돌리는 직업 군인에 이르기까지 걷잡을 수 없었다. 워낙 물자가 부족했던 시대였던 만큼 군수품의 유출 또한 막을 길이 없었다. 역설적으로 군수품 유출이 없었다면 국민 생활이 한결 더 어려웠을 것이다. 이 사태는 미국의 언론에까지 보도돼 미국 의회에서는 논란이 됐다. 미 의회의 직속기관인 회계감사원(GAO)에서 조사단이 파견돼 국군에 대한 감사를 실시했다. 조사단은 군수물자의 유출을 확인했으나 한국 군인의 봉급이 미군의 수백분의 1밖에 되지 않는 것을 알게 되자 큰 말썽 없이 지나갔다.

경무대에 한미 고위 장성들이 모두 모였다. 왼쪽 한사람 건너 백선엽 1군사령관, 손원일 국방부장관, 이승만 대통령, 정일권 참모총장, 이형근 연합참모본부 총장, 테일러 미 8군사령관. 이 대통령이 귀여워하는 애견 '해피'가 대통령의 손을 핥고 있다. 이 대통령은 해피와 스마티, 그리티 등 세 마리의 애견을 키웠는데, 검은 반점이 있는 발바리 해피를 특히 귀여워했다. 식탁에서 남은 음식을 애견들에게 주는 바람에 개들이 대통령을 잘 따랐다. 이 대통령 내외는 1951년 1·4후퇴 때 애견을 부산으로 데려갔으며, 4·19로 하야할 때 애견 세 마리를 이화장으로 데리고 갔다. 그러나 이 대통령은 하와이로 떠나면서 개들을 데리고 가지 않았다. 이는 이 대통령이 하와이에 오래 머물 생각이 없었음을 뜻하는 것이다.
사진/백선엽

금성전투에서 정일권 제2군단장을 도와
전선을 수습했던 미 8군부사령관 새뮤얼
윌리엄스 소장. 사진/Wikipedia

새뮤얼 윌리엄스는 제2차 세계대전에서 독일포로수용소장을 지내면서 교수형을 집행해 '행잉샘(Hanging Sam)'이라고 불렸다.
백선엽 사령관은 그가 1군 담당지역을 둘러보고 신속하게 보고서를 작성하는 것을 보고, 그 노하우 문서들을 복사해
신설 사령부를 조기에 본궤도에 올려 놓을 수 있었다. 맨 왼쪽이 윌리엄스 소장, 오른쪽이 백선엽 사령관. 사진/백선엽

미군은 본국으로 철수하면서 그들이 보유하고 있던 막대한 장비들을 국군에 넘기고 떠났다. 그 중에는 M-26 퍼싱 전차와 M-46 패튼 전차도 있었고, 105mm, 155mm, 8인치 곡사포도 있었다. 사진/백선엽

유엔한국부흥위원단(UNKRA)의 존 콜터 단장이 총리를 지낸 백두진 경제조정관과 원조협약을 맺고 있다. 콜터는 미군 제9군단장(중장) 출신으로, 해방 후 하지 중장의 후임으로 제24사단을 맡아 여순반란사건 때까지 한국에 잔류했다. 6·25가 발발하자 미 제9군단장으로 미 제25, 제2사단을 이끌고 낙동강 전선에서, 청천강에서 싸웠던 인물이다. 그래서인지 한국 사정에 밝았다고 한다. 운크라에 의해 세워진 공장이 문경시멘트와 인천판초자이다. 사진/Wikipedia

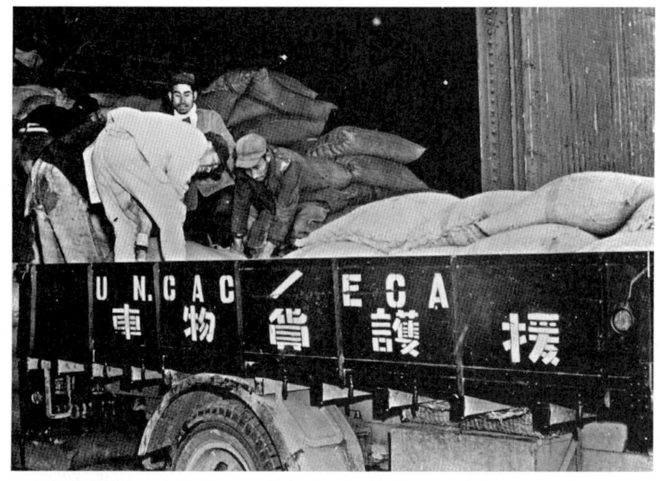

국제연합민사원조사령부(UNCAC)가 한국민 지원을 위해 태국에서 수입한 쌀을 창고에 넣고 있다. 사진/NARA

전쟁이 끝나자 미국의 원조단체의 지원으로 도처에서 주택과 학교, 병원들을 건축하기 시작했다. 사진은 새로운 건물을 짓기 위해 주민들이 건물의 기초를 위해 돌을 지게로 실어나르고 있다. 사진/NARA

국제원조구호기구(CARE)가 한국 여성들이 자그마한 재봉틀 가게로 생계를 이어갈 수 있도록 재봉틀을 전달했다. 사진/NARA

유엔한국부흥위원단(UNKRA)은 200마리의 돼지를 들여와 농가에 분양했다. 사진/NARA

병사들이 미군에서 공여받은 벽돌과 시멘트로 건물을 짓고 있는 모습을 백선엽 장군이 지켜보고 있다. 사진/백선엽

휴전 후 전후복구 사업은 군에 떨어진 초미의 과제였다. 미군은 거의 모든 가용물자를 국군에 집중 공급했다. 건설 작업에 동원할 인력도 군만이 보유하고 있었기 때문이다. 미국의 첫 사업이 AFAK였고, 미군은 이 계획에 따라 시멘트, 목재, 유리, 철근, 못 등 공병자재 일체를 공급해 전쟁으로 파괴된 공공시설을 복구하도록 했다. 백 사령관이 건설현장에서 정과 망치를 들고 작업을 해보고 있다. 사진/백선엽

군 타이어 재생공장에서 타이어를 재생하고 있다. 사진/백선엽

백선엽 사령관이 기계가 정상 가동하는지 직접 테스트해보고 있다. 뒤에 김용우 국방부장관(선그래스), 최영희 제5군단장이 지켜보고 있다. 사진/백선엽

밴플리트 장군이 백선엽 사령관,
클라크 미 제10군단장, 군사고문단장에게 쪽지를
보여주며 이야기를 하고 있다. 밴플리트 장군은
아이젠하워 대통령의 특사로 한국의 전후 재건에
깊이 간여했다. 사진/백선엽

밴플리트 전 미 8군사령관이 정일권 참모총장과 백선엽
제1군사령관과 재건사업에 대해 이야기를 나누고 있다.
1957년 밴 플리트는 양국의 문화 이해와 공감을 통해 한미
양국 국민의 우애 증진에 헌신할 '코리아 소사이어티'를 뉴욕
시에 설립하는 데 깊이 관여 했다. 사진/백선엽

국제원조단 일원으로 온
인사가 군 간부들과 함께
무엇인가를 보고 있다.
사진/백선엽

1957년 9월 고딘 디엠 베트남 대통령이 군인들을 대동하고 백인엽 중장의 제6군단을 방문했다. 6군단에서 실탄을 사용한 전투훈련을 참관했고, 1958년에는 백선엽 참모총장(2차)이 초청을 받아 베트남을 방문하기도 했다. 사진/백선엽

고딘 디엠 대통령(오른쪽)과 악수를 나누는 백선엽 참모총장. 가운데 있는 이는 이기붕 국회의장. 사진/백선엽

1951년 5월 18일, 이승만 대통령은 프란체스카 여사와 함께 화천 구만리 뱃터 언덕에서 열린 파로호 기념비 제막식에 참석했다. 제6사단 장병들이 중공군 3개 군을 격파하고 화천저수지와 발전소를 수복한 전투를 기리기 위한 행사였다. 파로호 전투는 1951년 5월 26~28일 사흘 동안 벌어진 짧은 전투였지만, 전력 공급의 축이었던 화천댐을 탈환한 대전투였다. 이 전투에서 중공군은 최소한 2만 5000명 이상의 사상자를 냈다. 사진/백선엽

파로호 기념비. 이승만 대통령의 친필이다. 오랑캐를 무찔렀다는 뜻의 '파로호(破虜湖)'는 이때부터 화천저수지의 새로운 이름으로 불리고 있다. 사진/백선엽

제6장

육군의 획기적 전력증강과 참전외교

육군참모총장(2차)과 연합참모본부총장

2차 육군참모총장과 연합참모본부 총장

1956년 1월 30일 특무부대장 김창룡 소장(중장으로 추서)이 출근길에 괴한들로부터 총격을 받아 피살되는 건군 이래 최대의 군기 파동이 일어났다. 백선엽이 이 사건의 재판장을 맡았다. 1957년 4월 17일 확정 판결에서 강문봉 중장에게는 사형이 선고됐다. 이 대통령은 사건 직후 김창룡 소장을 중장으로 추서했고, 또한 판결 후 강문봉 중장은 즉각 감형함으로써 최소한의 배려를 표했다. 이로써 이 사건은 일단락됐다.

백선엽 장군은 군 재직 중 한 차례 입각 교섭을 받았다. 1956년 5월 25일의 정부통령 선거에서 김형근 내무부장관이 인책으로 사퇴하자 이승만 대통령이 내무부장관 입각을 제의했던 것이다. 백선엽은 "군인으로 일생을 마치고 싶다"며 입각을 고사했다.

한편 김창룡 특무부대장 사건 후속으로 군 수뇌부 인사가 단행됐다. 1957년 5월 18일 정일권 연합 참모본부장이 예편, 터키 대사로 부임했고, 이형근 참모총장도 무보직 상태로 물러났다. 백선엽은 39개월에 걸친 제1군사령관직을 마치고 다시 육군 참모총장에 부임됐다. 전쟁 중 참모총장을 역임한 이래 두 번째 중책을 받게 된 것이었다. 또한 군내 3명의 대장 중 2명이 물러남에 따라 대장 계급자는 사실상 백선엽 대장만 남게 됐다.

백선엽 총장 부임 직후 미군 쪽에도 변화가 있었다. 그때까지 동경에 있던 유엔군 사령부가 서울로 옮겨 오고, 유엔군 사령관이 미 8군사령관을 겸임하게 됐다. 첫 주한 유엔군 사령관으로 조지 데커 대장이 1958년 7월 11일 부임했다.

이 무렵 국군의 가장 큰 현안은 군 현대화였다. 국군은 전후 양적으로는 70만을 상회하는 규모로 팽창했으나 질적으로는 제자리걸음을 하고 있었다. 백선엽은 군 현대화 계획을 마무리 짓기 위해 미국을 방문한다. 맥스웰 테일러 미 육군 참모총장의

2차 육군참모총장과 연합참모본부 총장

초청으로 1958년 3월 3일부터 한 달간의 일정이었다. 백선엽은 펜터건에서 관계자들을 만나 한국군 현대화 계획을 브리핑했고, 백악관에서 아이젠하워 대통령을 만나 승인을 받았다. 한국군 현대화 계획의 주요 골자는 ▲신형 전차 도입, ▲포병력의 증강, ▲공정 부대 창설, ▲구축함 도입, ▲대공 방어 능력 강화 등 6개항이었다. 이와 함께 육군의 2개 사단을 폐지하고, 대신 해군·공군 및 해병대 인원을 늘리는 것이었다.

1958년 가을, 백선엽 참모총장은 감회어린 여행을 떠난다. 한국전 참전국들을 순방하는 답례 여행이었다. 백 총장은 홍콩, 싱가포르, 영국, 서독, 스웨덴, 노르웨이, 네덜란드, 벨기에, 프랑스, 이탈리아, 그리스, 튀르키예, 이디오피아, 태국을 약 2개월간 돌며 참전 용사들에게 감사의 뜻을 표했다.

백선엽은 총장 재임 중 군 현대화 계획과 육군의 군수 제도 개선에 역점을 두었다. 백 총장은 육본 군수국장 김웅수 소장을 신설된 군수참모부장으로 승격하고 이 작업을 전담시켰다. 이때부터 부산에 집중된 각 기지창과 창고는 2군 관할에서 떼어내 육본의 직할로 했다. 1960년 1월 군수기지사령부(사령관 박정희 소장)가 창설된 것은 이 작업의 후속 조치였다.

1959년 2월 23일, 백선엽은 참모총장직을 후임 송요찬 중장에게 넘기고 연합참모본부 총장에 임명됐다. 제1군사령관은 유재흥, 2군사령관은 최영희 중장이 각각 맡게 됐다. 1960년 5월 2일 내각이 개편되면서 김정렬 국방장관의 후임에 이종찬 육군대학총장이 기용됐다. 5월 23일에는 송요찬 육군참모총장의 사표가 수리되고 참모총장에 최영희 중장이 임명됐다. 5월 31일 백선엽은 육군본부 연병장에서 전역식을 갖고 청춘과 정열을 바쳤던 군을 떠났다. 이때가 백선엽의 나이가 만 40세가 되던 해였다.

김창룡 특무부대장 암살 사건 여파도 군 수뇌부 인사개편이 있었다. 1957년 5월 18일 백선엽 대장은 39개월에 걸친 제1군사령관직을 마치고 다시 육군참모총장에 부임했다. 전쟁 중 참모총장을 역임한 이래 두 번째 중책을 맡게 됐다. 사진/백선엽

육군본부 정문. 임시수도 부산에서 1954년 정부가 서울로 옮기는 것과 동시에 육군본부도 대구에서 서울 용산으로 올라왔다. 사진/백선엽

육군본부 본관 건물과 연병장. 사진/백선엽

1950년 11월 특무대(CIC) 본부에서 기록영화를 촬영하면서 김창룡 특무대장(왼쪽)에게 연출지시를 하는 홍성기 감독(오른쪽). 김창룡의 육필일기 〈숙명의 하이라루〉를 보면, 영화감상은 김창룡의 유일한 취미였다. 김창룡의 부인 도상원는 9년간 군에 복무하면서 남편이 집에서 잠을 잔 것은 채 100일이 되지 않을 것이라고 했다. 인상과는 달리 겁이 많아서 주사 맞는 것을 싫어했다.
사진/조선일보

양구 근처 일선을 시찰하며 사단장들과 악수를 나누는 백선엽 참모총장. 당시 제2군단 포병사령관 박정희 준장(오른쪽 두 번째)의 모습이 보인다. 사진/백선엽

1957년 7월 취임하는 김정렬 국방부장관(왼쪽)이 전임 김용우 장관과 악수를 나누고 있다. 사진/백선엽

1955년 6월 라이먼 렘니처 사령관과 아이작 화이트 신임 미 8군사령관의 이취임식이 열렸다. 렘니처 사령관은 유엔군사령관으로 자리를 옮겼다. 사진/백선엽

렘니처 미 8군사령관이 화동으로부터 꽃다발을 받고 있다. 뒤에 서 있는 이가 함병선 제2군단장이다. 사진/백선엽

화이트 미 8군사령관이 제6군단장 백인엽 중장과 함께 부대를 사열하고 있다. 사진/백선엽

화이트 미8군사령관과 백선엽 육군참모총장. 사진/백선엽

1959년 6월경 백선엽 참모총장과 화이트 미8군사령관(가운데)이 신임 조지 데커 미8군사령관 겸 초대 주한미군사령관(오른쪽)과 만났다. 백선엽 총장 부임 이후 동경에 있던 유엔군사령부가 서울로 옮겨오고, 유엔군사령관이 미8군사령관을 겸임하게 됐다. 초대 주한 유엔군사령관으로 데커 대장이 임명됐다. 데커는 제2차 세계대전 때 남패텽양 전선의 미 9군 참모장을 지냈고, 훗날 케네디 정부에서 미 육군참모총장으로 발탁된다. 그는 미군 중 '노핸디' 골퍼로 이름나 부임 당일 서울컨트리클럽에 나가 골프를 칠 정도였다. 사진/백선엽

김창룡 특무부대장 암살사건의 여파로 군 수뇌부 개편인사가 있었다.
1957년 5월 18일 정일권 연합참모본부총장이 예편해 튀르키예 대사로
임명됐다. 튀르키예로 떠나기 위해 비행기 트랩에 오르는 정일권 대사.
사진/백선엽

정일권 대사가 백선엽 참모총장실로 부임 인사를 왔다. 사진/백선엽

해군참모총장 정긍모 중장(손가락 가리키는 이)이 손원일 국방부장관에게 해군의 숙원인 DD급 구축함 모형을 설명하고 있다.
정 제독 오른쪽이 백선엽 제1군사령관.
사진/백선엽

해군은 그동안 DE급 호위구축함을 보유했다. 해군은 DD급 구축함 2척을 인수하면서 함포와 대잠능력을 강화하게 됐다. 사진/백선엽

최영희 제5군단장과 악수하고 있는 백선엽 참모총장. 최영희 장군은 백선엽 총장과 6·25전쟁 초기 제1사단장과 예하 15연대장 관계로 시작해 제1군단, 제1군사령부까지 동행했다. 최 장군은 백선엽 총장이 1959년 연합참모본부 총장으로 부임하면서 제2군사령관에 임명됐다. 허정 내각 과도정권 때인 1960년 5월 23일에 육군참모총장 자리에 올랐다. 사진/백선엽

회의에 참석해 메모하고 있는 백선엽 참모총장. 사진/백선엽

1959년 2월 23일 육군참모총장에서 물러나 군의 최고 원로인 연합참모본부 총장에 임명된 백선엽 대장. 사진/백선엽

연합참모본부 백선엽 총장이 주재하는 가운데 육해공 참모총장, 국방부 차관이 모였다. 마이크가 있는 것으로 미뤄 중요한 결정사항을 언론에 발표하는 것으로 보인다. 사진/백선엽

백선엽 총장이 1958년 미국을 방문했을 때 알레이 버크 제독과 반갑게 악수하고 있다.
버크 제독은 6·25 전쟁 직후인 1953년 아이젠하워 대통령 시절에 소장에서 대장으로 곧바로 진급해 50여 명의 선임자를 제치고 해군참모총장에 발탁됐다(6년간 재임). 백선엽은 버크 제독과의 친분 덕분에 군단장과 총장 시절 동해안 전투에서 압도적인 화력의 지원을 받을 수 있었다.
버크 제독은 자신의 군의관을 시켜 전쟁 기간 내내 괴롭혀 온 백선엽의 말라리아를 완치시켜 주기도 했다. 사진/백선엽

1958년 3월 3일 군 현대화 계획을 미국 국방부와 협의하기 위해 방미한 백선엽 참모총장이 국방부 비서실에서 방명록에 서명하면서 시계를 쳐다보고 있다. 백선엽 총장은 펜타곤 회의실을 가득 메운 관계 부처 책임자들을 상대로 2시간 가량 한국군 현대화 계획을 브리핑했다. 사진/백선엽

미국 출장중 백선엽 총장이 미 육군의 기갑센터에 들렀다. 사진/백선엽

백선엽 총장이 미국 방문 때 만난 미 제10고사포군단 예하 제78고사포 대대 장교들과 가족들. 밀번 군단장은 북진 때 백선엽 사단장에게 미 제10고사포군단 예하 제78고사포대대, 제9야포대대, 제2중박격포대대를 배속해 주었다. 국군 제1사단은 미 제1기병사단의 포사령관 윌리엄 헤닉 대령의 포격으로 중공군 1차공세인 운산전투에서 사단을 온존시켜 철수할 수 있었다. 대신 미 제1기병사단 제8기병연대가 전멸에 가까운 피해를 입었다. 사진을 보면 미 제10고사포군단이 한반도로 전개해 운산까지 북진했다가 내려온 여정이 표시돼 있다. 감사장 아래에 '저 자동화된 포병이 운산전투에서 우리 제1사단을 구해줬다'는 백 장군의 말이 적혀 있다. 사진/백선엽

기갑센터 내에 있는 전차전의 영웅 조지 패튼 제3군사령관을 기념하는 패튼박물관. 백선엽 총장이 박물관의 연혁을 읽고 있다. 오른쪽은 미국 순방을 수행한 육본 작전국장 정래혁 소장. 사진/백선엽

백선엽 총장과 미군 장성들이 야외에서 도상 점검을 하고 있다. 사진/백선엽

시찰 현장을 헬기로 이동하는 백선엽 참모총장 일행. 사진/백선엽

아메리카 들소 떼가 풀을 뜯는 곳에 백선엽 참모총장 일행이 갔다. 사진/백선엽

미국 방문시 환영파티에 참석한 미내륙군사령관 윌러드 와이먼대장.
6·25전쟁때 미 제9군단장을 지냈다. 사진/백선엽

6·25 전쟁 중 미 제10군단장을 지낸
윌리스턴 팔머 육군참모차장이 공항에
나와 17발의 예포로 영접했다. 사진/백선엽

백선엽 총장이 직접 기계를 만져가면서 무기 성능을 파악하고 있다.
사진/백선엽

워싱턴 방문 시 미군 장성으로부터 미사일과 관련한 설명을 듣고 있다.
사진/백선엽

백선엽 참모총장에게 한 미군 장교가 미군의 장교양성 시스템에 대해 설명하고 있다. 사진/백선엽

1958년 참전국 답례여행에서 함정에 탄 백선엽 참모총장 수행원들. 왼쪽이 정래혁 육본작전국장, 오른쪽이 박진석 부관감이다. 사진/백선엽

1958년 가을 서독 의장대 사열을 받는 백선엽 대장. 6·25전쟁에서 한국을 지원한 참전국들을 순방하는 답례여행이었다. 백 총장은 서독에서 서독 주둔 영국군의 기동 훈련을 참관하던 중 영 연방 제1사단의 전차 연대장으로 참전했던 웨스트(M.M. West) 장군을 만났다. 백선엽 총장과 함께 휴전회담 대표의 일원이었던 헨리 호디스는 유럽 주둔 미 지상군 사령관이었고, KMAG(미 군사고문단) 단장을 역임한 글렌 로저스와 프란시스 파렐은 나란히 쉬투트가르트 주둔 미 제7군단장과 프랑크푸르트 주둔 미 제5군단장을 맡고 있었다. 사진/백선엽

참전국 답례여행 중 영국을 방문해 영국군 장성의 의전을 받는 백선엽 참모총장. 롤스로이스 관용차가 대기하고 있다. 사진/백선엽

영국군 6·25 참전 장성들과 엘리자베스 2세 영국 여왕 초상화 아래에서 웃고 있다. 사진/백선엽

백선엽 총장이 외국군 장성과 악수를 나누고 있다. 사진/백선엽

그리스를 방문해 파르테논신전을 둘러보는 백선엽 참모총장.
사진/백선엽

튀르키예 순방 때 정일권 대사가 나와 백선엽 총장과 일정을 함께 했다. 백 총장이 제1사단장일 때 용맹을 떨치던 터키군은 백 총장 일행을 위해 이스탄불 서쪽에서 연대 규모의 보전포 훈련을 실시해 주었다. 사진/백선엽

1957년 방한해 제6군단을 둘러본 고딘 디엠 대통령이 백선엽 장군을 초청했고, 백 장군은 참모총장 때인 1958년 베트남을 방문했다. 1953년 봄 베트남 참모총장 힌 공군 소장이 프랑스와 베트남 혼성 참모진 10여명을 대동하고 내한했을 때 두옹 반 민 대령이 일행으로 왔었는데, 두옹 대령이 1963년 11월 고딘 디엠 대통령을 쿠데타로 제거하고 국가원수에 올랐다. 사진/백선엽

백선엽 장군은 1965년 5월 주불 대사에서 캐나다 대사로 옮겼고, 1967년 봄 모친 문병차 귀국했을 때 박정희 대통령으로부터 파월용사들을 격려해 달라는 부탁을 받았다. 또다시 전쟁이 벌어지는 현장으로 향했다. 그때 1954년 제1군사령부 창설을 위해 함께 고생했던 에이브럼즈 사령관(당시 미 제10군단 참모장)을 재회했다. 그는 웨스트 모어랜드 사령관 후임으로 부임한 지 일주일밖에 되지 않은 시점이었다. 에이브럼즈는 백선엽 총장을 관저에 초대해 주었다. 사진은 에이브럼즈가 퇴역 후 베트남을 방문한 클라크 전 미 제10 군단장과 함께 찍은 것이다. 사진/백선엽

영국 참전국 답례여행에서 영국군 장교와 이야기를 나누는 백선엽 참모총장. 사진/백선엽

영국군 병사가 백선엽 총장에게 총검술 시범을 보이고 있다. 사진/백선엽

에디오피아군이 백선엽 참모총장에게 하라라는 곳에서 육군의 연습을 참관시켜 주고 있다. 사진/백선엽

참전국 답례여행에서 백선엽 장군이 에디오피아 의장대의 사열을 받고 있다. 에디오피아는 할레셀라시에 황제에게 백 총장 일행을 환영해 주었다. 사진/백선엽

백선엽 참모총장이 대만의 외교관과 악수를 나누고 있다.
사진/백선엽

미 군사고문관과 용산 육군본부 옥상에서 대화를 나누고 있는 백선엽 연합참모본부 총장.
멀리 명동성당이 보인다. 사진/백선엽

백선엽 연합참모본부 총장실.
백 장군이 소파에 앉아 총장실을 방문한 미 여군장교들과 담소를 나누고 있다.
1960년대 공공건물에서 인기였던 미제 등유난로가 낯익다. 사진/백선엽

1959년 2월 백선엽 연합참모본부 총장 때, 전군 간부들이 경무대에 모였다.
맨오른쪽이 육군참모총장 송요찬 중장, 중앙이 정긍모 해군참모총장, 최영희 제2군사령관, 유재흥 제1군사령관, 함병선 제2군단장, 김정렬 국방부장관, 최용덕 국방장관 보좌관, 백선엽 연합총장, 이종찬 육군대학 총장, 김창규 공군참모총장, 장도영 제2군단장, 김종오 제1군단장, 백인엽 제6군단장, 이승만 대통령의 양아들 이강석 소위.
사진/백선엽

백선엽 연합참모본부 총장이 군 간부들과 함께
이승만 대통령과 간담회를 갖고 있다.
사진/백선엽

이승만 대통령의 생신 때 케이크 촛불을 끄는
군 간부들. 가운데가 김정렬 국방부장관,
왼쪽이 이강석 소위.
백선엽 총장은 뒤쪽에서 지켜보고 있다.
사진/백선엽

이승만 대통령 내외와 군 간부들.
뒷줄 오른쪽부터 곽영주 경무대 경무관
(대통령 경호실장), 이종찬 육군대학
총장, 김창규 공군참모총장, 이강석
소위, 백선엽 연합참모본부 총장.
사진/백선엽

4·19 혁명 후 허정 내각수반이 이끄는 과도정권이 들어서 민심을 수습하면서
1960년 5월 2일 내각이 개편됐다. 김정렬 국방부장관 후임에 이종찬 육군대학 총장이
기용됐다. 이어 5월 23일에는 송요찬 육군참모총장의 사표가 수리되고 최영희 중장이
참모총장에 올랐다. 이종찬 신임 국방부장관이 백선엽 장군의 연합참모본부를 찾았다.
사진/백선엽

1960년 5월 31일 백선엽 연합참모본부 총장이 신임 이종찬 국방부장관과 함병선 육본 작전참모부장(중장)
앞에서 연합참모본부 총장 퇴임사를 하고 있다. 사진/백선엽

백선엽 장군이 이종찬 국방부장관의 말을 주의 깊게 듣고 있다.
사진/백선엽

백선엽 장군이 퇴임사를 하는 동안 카터 매그루더 주한미군사령관 겸 유엔군사령관이 경청하고 있다.
사진/백선엽

함병선 육본 작전참모부장이 전역식에서 백선엽 장군에 대한 소개를 하고 있다.
사진/백선엽

1960년 5월 31일 육군본부 연병장에서 백선엽 장군 전역식이 열리고 있다. 사진/백선엽

전역식이 열리고 있는 육군본부 연병장. 사진/백선엽

의장대의 사열을 받는 백선엽 장군. 사진/백선엽

최영희 육군참모총장이 지켜보는 가운데 백선엽 장군이
육본 장성들과 일일이 악수를 나누고 있다. 사진/백선엽

백선엽 연합참보본부 총장이 김종오 제2군단장, 최경록 국방대학원장과
팔짱을 끼고 사진을 찍었다. 최경록 장군은 그해 8월 장면 정부 인사에서
육군참모총장에 임명됐다. 사진/백선엽

연합참모본부 장성들이 백선엽 장군이 근무한 부대 마크들을 모아 기념패를 만들었다. 이때 백선엽 장군의 나이가 만 40세가 되는 때였다. 사진/백선엽

백선엽 장군이 전선을 함께 누빈 최영희 육군참모총장과 석별의 악수를 나누고 있다. 사진/백선엽

제7장

에필로그

전쟁과 가족, 그리고 나

1950년 10월 20일. 이날은 백선엽에게 잊지 못할 날이 됐다. 일개 월남 청년이 장군이 되어 1만5000여명의 한·미 장병을 지휘하며 고향을 탈환하러 진군하는 감회는 필설로 형언할 수 없었을 것이다. '군인 백선엽'에게 생애 최고의 날, 최고의 순간이었다. 지나치는 동리에는 벌써 주민들이 내건 태극기가 펄럭이고 있었다. 백선엽은 실로 오랜만에 전진을 떨고 고향에 돌아온 감회에 젖어들었다.

백선엽은 1920년 11월 23일 평양에서 진남포 쪽으로 28km 떨어진 평남 강서군 강서면 덕흥리에서 태어났다. 아버지를 일찍 여읜 백선엽은 어머니를 따라 7살 때 평양으로 이사했다. 집안 형편이 다소 피게 되자 백선엽은 1년 늦게 보통학교에 입학하게 됐다. 약송보통학교를 졸업하고, 평양사범에 진학했다. 졸업반 때 후일 비행사로 이름을 날린 박승환 등 만주군관학교 학생들을 알게 돼 봉천 만주군관학교로 갔다.

봉천군관학교를 마치고 1942년 봄 임관해 자므스부대에서 1년간 복무한 후 간도 특설 부대의 한인 부대에 전출, 3년을 근무하던 중 해방을 맞았다. 1945년 8월 9일 백선엽은 명월구에서 소련군을 만나 무장해제를 당했다. 연길과 용정을 거쳐 두만강을 건너 평양에 돌아왔다. 평양에 오니 벌써 소련군이 38선 이북을 점령했고, 김일성이 출현해 급격히 부상하고 있었다. 당시 백선엽은 조만식 선생의 비서실장을 하고 있었다. 정일권은 백인엽과 함께 12월 초 남행길에 올랐고, 백선엽은 1945년 12월 하순 김백일, 최남근과 함께 12월 27일 밤 38선을 넘어 월남했다.

백선엽의 6·25전쟁에서 '가족'은 등장하지 않는다. 실제로 그는 전쟁 기간 내내 가족과 함께할 수 없었다. 6·25전쟁 발발 시 백선엽은 신당동에서 부인과 두 돌 지난 딸과 함께 살고 있었다. 전쟁 당일 가족과 헤어진 그는 해를 넘겨 이듬해 가족과

전쟁과 가족, 그리고 나

만났다. 맥아더 원수가 해임된 이튿날인 1952년 4월 12일, 백선엽은 부산 임시경무대로 이승만 대통령에게 소장 진급신고를 하러 왔다가 처음으로 가족과 만났다. 그간 만나 볼 기회가 없었던 것은 아니었다. 봉일천 전투시 가족을 챙겨 남하할 수도 있었으나 부하들도 제대로 수습하지 못하는 형편에 가족 걱정을 하는 것은 양심이 허락하지 않았다. 북진 때는 명령이 급해 시간이 허락하지 않았고, 1·4 후퇴 때는 부관이 백선엽 대신 피난을 주선해 주었다.

백선엽의 모친과 아내, 그리고 세 살짜리 딸은 초량에서 단칸방에 세들어 비참하게 살고 있었다. 아내는 장티푸스를 앓아 사경을 헤매던 뒤끝이라 무척 여위어 있었다. 백선엽을 보자 한동안 눈물만 흘릴 뿐이었다. 적 치하의 서울에 남았던 가족은 많은 고초를 겪었으나 살아남았다는 것을 감사했다. 백선엽에게 가족은 미안한 존재일 뿐이었다.

1960년 7월 15일 백선엽 장군은 주중 대사로 발령을 받아 고국을 떠났다. 1961년 5월, 백선엽은 타이페이에서 박정희 소장의 군사혁명 소식을 접했고, 얼마 후 김홍일 외무부장관에게 주불 대사로 발령하겠다는 통지를 받았다. 이어 1965년 5월 다시 캐나다 초대 대사로 자리를 옮겼다. 백선엽이 고국 땅을 다시 밟은 것은 1967년 봄이었다. 모친 건강이 나빠져 문병차 일시 귀국했던 것이다. 1969년 12월 백선엽은 캐나다에서 교통부장관에 임명됐다는 통지를 받고 10년 간의 해외 근무를 마치고 귀국했다. 조국 근대화와 한미동맹 발전을 위한 마지막 봉사가 그를 기다리고 있었다.

백선엽의 약송보통학교 졸업사진. 만수보통학교를 4학년까지 다닌 후 약송보통학교에 전학해 졸업했다.
맨 앞줄 오른쪽에서 여섯 번째가 백선엽. 보통학교의 담임이던 김갑린 선생이 학비가 적게 드는 사범학교에 가 어머니의 고생을 덜어드리라는 말을 듣고 평양사범에 진학했다. 사진/백선엽

이승만 대통령이 백선엽 장군의 모친 방효열 여사(왼쪽 세번째)의 환갑을 맞아 방 여사 가족을 경무대로 초대, '금시계'를 선물로 주었다. 왼쪽부터 백인엽 장군, 백선엽 장군, 방 여사, 프란체스카 여사, 이 대통령, 변영태 국무총리, 이호 국방부차관. 사진/백선엽

1956년 6월 3일, 백선엽 장군이 제1군사령관 시절 평양사범 동창생들과 함께 찍은 사진. 맨 앞줄 가운데가 백선엽 장군이다. 백선엽의 평양사범 은사로는 이숭녕(전 서울 문리대 교수), 한제영(전 서울 사대 교수) 선생 등이 있었다. 사진/백선엽

모친 방효열 여사의 생신을 맞아 한 자리에 모인 자녀들.
왼쪽부터 백선엽 장군, 백 장군의 누이 백복엽, 모친, 백인엽 장군, 매부. 사진/백선엽

백선엽 장군이 참모총장 시절 부인 노인숙 여사와 함께 큰딸 남희씨, 돌이 지나지 않은 큰아들 남혁씨를 안고 있다.
사진/백선엽

백선엽 장군이 제1군사령관 시절, 군사령부의 주한미군사고문단(KMAG) 장교들과 즐거운 시간을 보내고 있다.
사진/백선엽

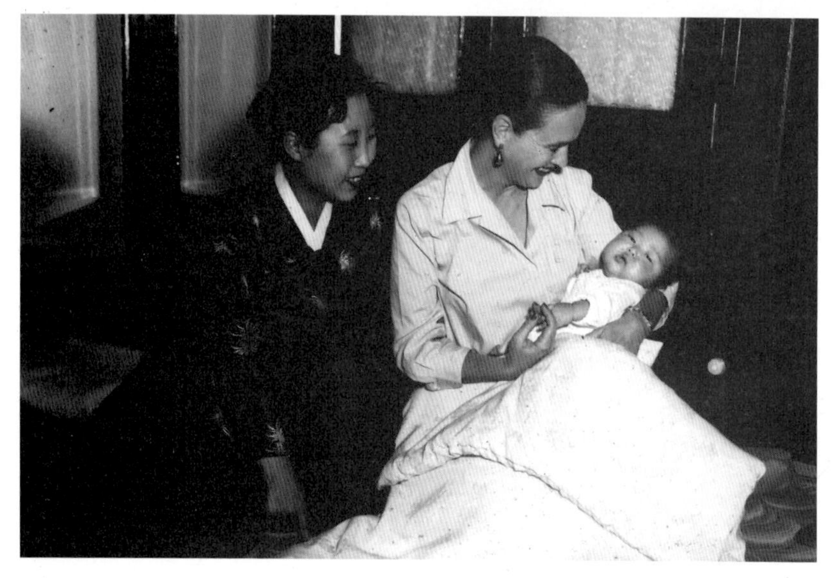

미군 장교 부인이 백선엽 장군의 차녀 남순을 안고 있는 것을 노인숙 여사가 바라보고 있다.
사진/백선엽

1959년경 연합참모본부 총장 시절, 백선엽 장군이 총장실에서 큰아들 남혁과 사진을 찍었다. 사진/백선엽

1953년 봄, 백선엽 장군이 한복을 입은 큰딸 남희씨와 찍은 사진. 사진/백선엽

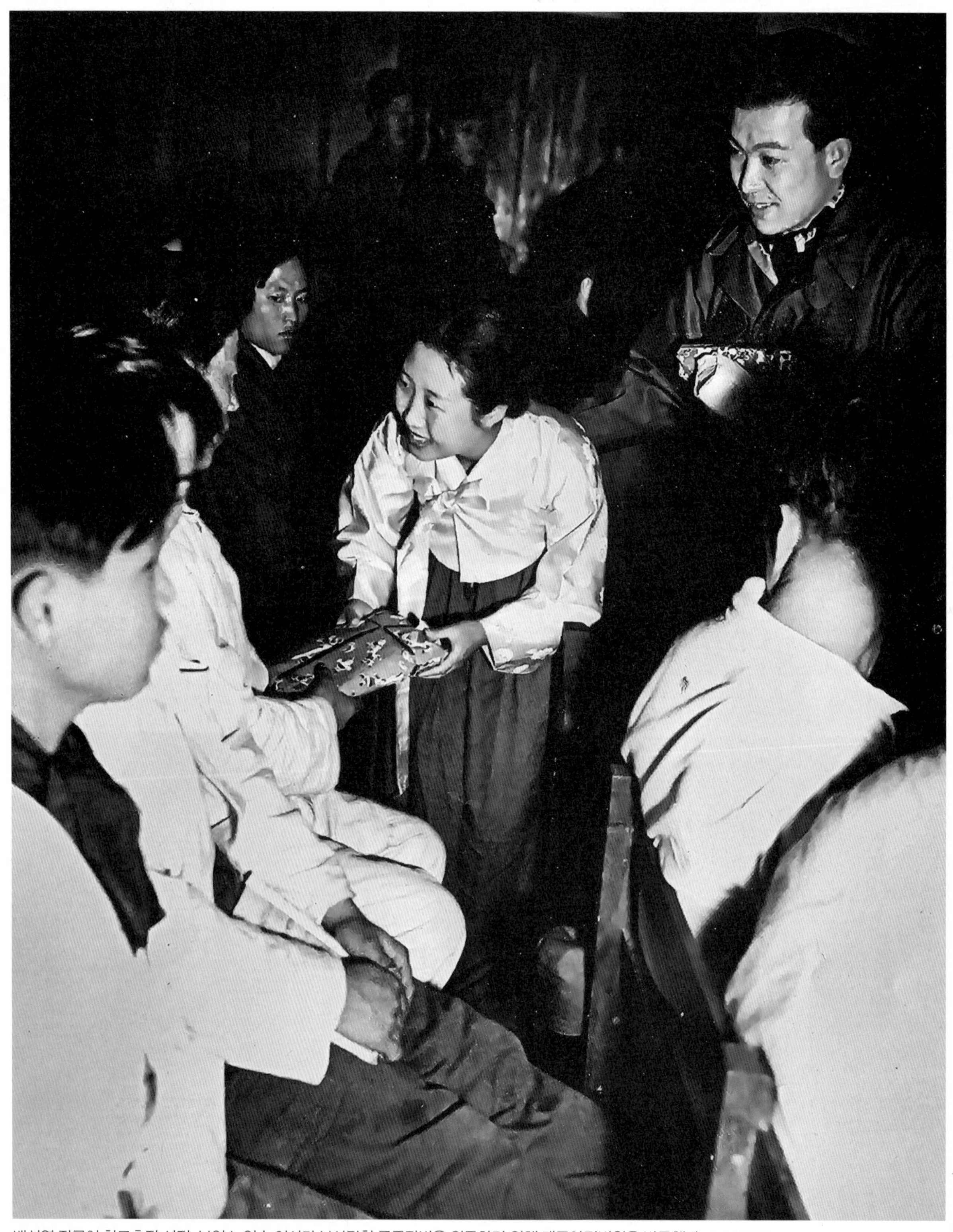

백선엽 장군이 참모총장 시절, 부인 노인숙 여사가 부상당한 국군장병을 위문하기 위해 대구야전병원을 방문했다. 사진/백선엽

휴전 무렵, 백선엽 장군의 지프 앞에 서 있는 노인숙 여사. 사진/백선엽

대만 대사 시절, 대만 정부로부터 훈장을 받은 백선엽 대사. 사진/백선엽

주한미군 부부동반 만찬을 주최한 백선엽 참모총장 부부. 백선엽 장군과 노인숙 여사가 테이블 중간에 앉아 웃고 있다.
사진/백선엽

대만 타이페이공항에 도착해 비행기에서 내리는 백선엽 대사 부부. 비가 오는지 우산을 받쳐 들고 있다.
사진/백선엽

1960년 7월 15일 주중대사로 발령받고 타이페이로 가기 위해 김포공항에 도착한 모습.
좌우 의장대가 도열해 있고 환송객들로 공항이 붐볐다. 사진/백선엽

6. MAI 1965

Deux thoniers construits à Bordeaux livrés à la Corée du Sud

Mme Sun Yup Paik, femme de l'ambassadeur de Corée en France, a baptisé hier deux thoniers commandés par son pays aux ateliers et chantiers bordelais de France-Gironde. Ceux-ci, le « Nam Hae 202 » et le « Nam Hae 205 » sont les deux premiers livrés d'une série de 30 bâtiments, de 130 à 140 tonneaux. Sur notre cliché, Mme Sun Yup Paik, en costume national, en compagnie de M. O. Myong Too, attaché à l'ambassade de Corée. (Voir p. 4.)

1965년 5월 6일 노인숙 여사가 한국행 어선 진수식에 참석해 진수줄을 자르고, 가위로 테이프를 절단해 샴페인 병을 터트리는 세리머니를 했다. 아래는 프랑스 현지 언론의 사진 설명이다. 〈보르도에서 건조된 두 척의 참치 어선, 한국으로 인도: 주프랑스 한국 대사 백선엽의 부인 노인숙 여사는 어제 보르도의 프랑스 지롱드조선소에서 한국이 발주한 참치어선 두 척의 명명식을 가졌다. '남해 202호'와 '남해 205호'는 각각 130~140톤급으로, 발주된 총 30척의 참치어선 중 첫 번째로 인도되는 선박이다. 사진은 한복을 입은 노인숙 여사가 오명두 주불 한국대사관 무관과 함께 찍은 사진이다.〉 사진/백선엽

프랑스 대사 시절, 백 장군이 차녀 남순, 차남 남흥과 파리 거리를 걷고 있다. 사진/백선엽

캐나다 대사 시절, 백선엽 장군이 차남 남흥과 바둑을 두고 있다. 사진/백선엽

캐나다 정부 행사에 참석한 백선엽 대사와 노인숙 여사가 캐나다의 거물 정치인 피에르 트뤼도 총리와 이야기를 나누고 있다. 피에르 트뤼도는 쥐스탱 트뤼도 현 총리의 아버지다. 맨 오른쪽이 장녀 백남희씨. 사진/백선엽

1967년 몬트리올 엑스포 때 온 가족이 엑스포 나들이를 했다.
카메라를 멘 백선엽 대사, 장남 남혁, 노인숙 여사, 장녀 남희, 차녀 남순,
맨 앞에 사탕을 빨고 있는 아이가 차남 남흥. 사진/백선엽

캐나다 대사 시절 가족 사진. 사진/백선엽

1987년 12월 무렵의 백선엽 장군과 노인숙 여사. 백 장군이 부인 노 여사의 손을 살며시 잡고 미소 짓고 있다.
사진/백선엽

2002년 6월 8일 다부동전승비 앞에선 백선엽 장군과 다부동전투 참전용사들. 앞줄 왼쪽부터 한병근(육사 8기) 제12연대 8중대 소대장, 백 장군, 황대형 제15연대 일등중사. 뒷줄 오른쪽부터 오동룡 기자, 다부동전적기념관 관리관, 유을규 백선엽장군 보좌관(백 장군이 생전에 가장 신임했던 보좌관). 다부동전승비는 다부동전투를 기념하기 위해 1971년 육군 제2작전사령부와 대구시·경북도가 협동해 설립됐다. 당시 제막식에는 백선엽 장군과 미 제25사단 제27연대장 마이켈리스 장군이 참석했다.
사진/오동룡

2008년 무렵 국방부군사편찬연구소 자문위원장실에서 《월간조선》 오동룡
기자에게 6·25전쟁 발발 과정을 설명하는 백선엽 장군. 사진/오동룡

다부동 전투의 방어계획을 기자에게 설명하는 백선엽 장군.
미 8군사령관 워커 중장은 최초 낙동강 방어선을 X선, 그리고 최후 저지선을 Y선으로 설정하고 있었다.
Y선은 왜관을 축으로 남으로 낙동강, 동으로 포항에 이르는 선으로,
대구와 부산을 포함해 더 이상 물러설 수 없는 배수진이었다. 백 장군은 Y선 방어에 합당한 지점을
지형정찰을 통해 가산산성과 다부동으로 결정했다며 그 지점을 연필로 가리키고 있다. 사진/오동룡

2008년 1월 백선엽 장군이 6·25전쟁 때 미 8군 지휘부가 있던 대구시 남구 캠프 워커를 찾았다. 해방 전에는 일본군 제80연대본부 건물로서 워커 미8군사령관은 1950년 전쟁 발발 직후 바로 이곳에서 전쟁을 지휘했다. 캠프 워커에 있던 미 8군사령부는 북진하면서 1951년 4월 서울 종로구 동숭동으로 이전했다. 백 장군이 부대장 솔린티너 대령과 대담을 나누는 모습. 사진/오동룡

백선엽 장군이 창군 초기 부산 제5연대 자리로 지목한 곳. 부산광역시 사하구 감천동 부산화력발전소 앞 해발 324m의 천마산이 제5연대 자리다. 제5연대 지휘소를 부산시내의 구일본군사령부 건물에 마련했다. 감천리 막사는 일본인들이 사용하던 '조선인 징용대기소'를 사용했다. 최초에는 1개 중대(200명)를 우선 편성하고 인원이 차는 대로 대대에서 연대로 확대 개편했다. 이것이 건군(建軍)의 시작이다. 사진/오동룡

2008년 1월 강원도 양구군 남면 관대리에 있던 제1야전군사령부 창설기념비 앞에서 백선엽 장군과 김태영 당시 1군사령관(국방부장관 역임)이 이야기를 나누고 있다. 제1군사령부는 1954년 5월 원주에서 발족했다. 이 기념비는 원래 관대리에 있다가 관대리가 소양강댐 건설로 수몰되자 원주로 이전한 것이다. 사진/제1군사령부

백선엽 장군이 김태영 사령관의 설명을 들으며 제1군사령부 역사관을 관람하고 있다. 백 장군은 "당시로서는 세계 최대 규모의 야전군을 만든 것"이라며 "1군사령부 창설식 때 그 감격을 말로 표현할 수 없었다"고 했다. 백 장군은 1957년 5월 송요찬 후임사령관에게 철모와 탄띠를 인계하는 사진을 보고, "야, 저 사진도 있구나"하며 반가워했다. 사진/제1군사령부

2019년 11월 용산 전쟁기념관에서 한국 나이로 100세 생일을 맞은 백선엽 장군을 예방한 에이브럼스 주한미군사령관(사진 왼쪽)이 마이클 빌스 미 8군사령관과 함께 셀카를 찍고 있다. 사진/주한미군사령부

2013년 8월 29일 경기도 파주시 '뉴멕시코 사격장'에서 열린 백선엽 장군 미8군 명예사령관 임명식. 백 장군이 자신의 이름이 새겨진 미군 야전상의를 입고 있다. 8군사령부는 백 장군이 대한민국 육군 역사상 최초의 4성 장군이고, 6·25전쟁 당시 탁월한 전공을 달성해 명예사령관으로 임명한다고 밝혔다. 사진/뉴시스

육군사관학교에 설치된 밴플리트 미8군사령관 동상 앞에선 백선엽 장군. 밴플리트 장군은 미군 공병물자로 육사 도서관을 지으려다 미 의회의 제지를 받게 된다. 미 군사원조 대상부대가 아니었던 것이다. 그러자 그는 모금운동을 벌여 1956년 육사에 도서관을 지어 주었다. 육사 생도들이 이를 기념해 1960년 3월 교내에 그의 동상을 건립했다. 사진/오동룡

백선엽 장군은 생전에 집무실에 '탄주어불유지류(呑舟魚不遊支流)'와 '즐풍목우(櫛風沐雨)'를 걸어놓았다.
전자는 "배를 삼킬만한 큰 고기는 작은 물에서 놀지 않는다"는 것이고, 후자는 "바람으로 머리칼을 빗고, 빗물로 목욕을 한다"는 의미다. 백선엽 장군의 도량과 야전군인으로서의 자세를 엿볼 수 있다.
사진/이태훈

백선엽 장군은 2003년 3월 한미동맹 50주년 기념 《월간조선》과의 인터뷰에서 '군사동맹이란 무엇인가'란 기자의 질문에 "함께 피를 흘릴 마음 자세가 돼 있는 관계가 동맹이고 혈맹"이라면서 "Freedom is not free(자유는 공짜로 얻어지지 않는다)"라고 했다.
사진/이태훈

백선엽 장군이 전쟁기념관 내에 있는 6·25전쟁 미군 전사자 명패를 어루만지며 상념에 잠겨있다.
백 장군은 "6·25 전쟁에서 미군은 3만3600명이 전사하고, 10만 명 이상이 부상을 당했다"며 "이것을 잊는다면 우리가 금수(禽獸)보다 나을 게 없다"고 했다.
사진/이태훈

백선엽 육군 대장

1920년 11월 23일(음력 10월 11일) 평안남도 강서군 강서면 덕흥리에서 출생
1940년 3월 평양사범학교 졸업
1941~45년 12월 만주 봉천군관학교 졸업. 제2차 세계대전 종전시 만주군 육군 중위

1945년 조만식 조선민주당 당수 겸 평안남도 인민정치위원회 위원장 비서
1946년 2월 군사영어학교 졸업
1946년 2월 26일 국방경비대 입대, 중위 임관. 제5연대 A중대장
1946년 9월 제5연대 제1대대장
1947년 1월 1일 제5연대장, 중령 진급
1947년 12월 1일 제3여단 참모장
1948년 4월 11일 통위부 정보국장 겸 국방경비대 총사령부 정보처장
1948년 11월 대령 진급
1949년 7월 30일 제5사단장(전남 광주)
1950년 4월 23일 제1사단장
1950년 6월 25일 6·25전쟁 발발
1950년 7월 25일 준장 진급
1951년 4월 15일 제1군단장, 소장 진급
1951년 7월 10일 휴전회담 한국대표
1951년 11월 16일 백(白)야전전투사령부 사령관
1952년 1월 12일 중장 진급
1952년 4월 5일 제2군단장
1952년 7월 23일 육군참모총장(1차) 겸 계엄사령관
1953년 1월 31일 대장 진급(국군 최초의 육군 대장)
1953년 5월 육군대학 총장 겸직
1954년 2월 14일 제1야전군 사령관
1957년 5월 18일 육군참모총장(2차)
1959년 2월 23일 연합참모본부 총장
1960년 5월 31일 전역
1960년 7월 15일 중화민국(현 대만) 주재 대사
1961년 7월 4일 프랑스 주재 대사(스페인, 포르투갈, 네덜란드, 벨기에, 룩셈부르크, 아프리

카 13개국 대사 겸임)

1965년 7월 12일 캐나다 주재 대사

1969년 10월 21일 교통부 장관

1971년 6월 충주비료주식회사 사장, 호남비료주식회사 사장

1973년 4월 한국종합화학공업주식회사 사장

1986년 7월~ 1990년 7월 국토통일원 고문

1989년 7월~ 1991년 12월 전쟁기념관 후원회 회장

1989년 12월~ 1991년 12월 성우회 회장

1998년 9월~2003년 12월 6·25 50주년 기념사업위원회 위원장

1998년 9월~2020년 7월 국방부 6·25전쟁 편찬자문위원장

2007년 2월~ 2020년 2월 대한민국육군협회 초대 회장

2013년 8월 29일 미 8군사령부, 백선엽 장군을 미8군 명예사령관으로 임명

2015년 10월 13일, 국방대 첫 명예군사학박사 학위 수위

2020년 7월 10일 서거

저서

《군과 나》, 《지리산》, 《한국전쟁 일천일》, 《From Pusan to Panmunjom》, 《대게릴라전》 외 다수

서훈

대한민국 태극무공훈장 2회, 대한민국 을지무공훈장 2회, 대한민국 충무무공훈장 1회, 대한민국 금탑산업훈장 1회, 미합중국 각급 훈장 7회, 태국·필리핀·중화민국·프랑스·벨기에·네덜란드 등 각국 훈장

엮은이

오동룡

1965년 경기도 파주에서 출생해 문산동중, 동인천고, 연세대 국문학과를 졸업했다. 2011년 국방대에서 안보정책석사 학위를 받았고, 2015년 동 대학원 군사전략학과에서 논문 〈일본의 비군사화규범 형성과 변천과정에서 경단련 방위생산위원회의 영향력 연구〉로 군사학 박사학위를 받았다.

일본 외무성 특수법인인 일한국제교류기금(재팬파운데이션) 초청으로 2005년 4월부터 시즈오카현립대학에서 객원연구원으로 근무했다. 한국 기자 최초로 일본 자위대를 현지에서 취재, 2008년《일본인도 모르는 일본 자위대》를 펴냈고, 2016년 9월 일본 방위정책 70년의 역사를 조망한 책《일본의 방위정책 70년과 경단련 파워》를 출간했다. 2011년부터 한국군 무기체계를 다룬《한국군 무기연감》을 격년으로 발행하고 있다. 2020년 통독 30주년을 맞아 국내 언론 최초로 동서독 국경 1,393km를 종주한 르포,《독일의 DMZ를 가다》를 펴냈다.

현재 조선뉴스프레스 군사전문기자 겸 취재기획위원으로 일하며 국방 분야, 한일 군사관계를 취재하고 있다. 법의학 발전에 기여한 공로로 2015년 11월 제3회 도상(度想) 법의문화상을 받았다. 2020년부터 국방FM '국방광장' 프로그램에서 국방 이슈를 해설하고 있다.

감수

온창일 육군사관학교 명예교수, 정치학 박사.

남정옥 전 군사편찬연구소 책임연구원, 문학박사.

인간 백선엽, 군인 백선엽, 애국자 백선엽.

백선엽 장군은 인간, 군인, 애국자로서 세 가지 면모를 지니고 있다. 인간으로서 온화하고 포용적이다. 1990년대 미국 몬태나 대학에서 인간적 측면에서의 한국전쟁이라는 주제로 세미나를 한 적이 있었다. 소위 대중작가들과의 대화에서 사실적인 경험에 근거한 설명으로 그들이 존경한다는 반응을 불러오기도 했다. 백선엽 장군은 냉철한 용기와 지략을 보여준 군인이었다. 개성, 문산 전투에서 물러나 한강을 각개 건널 때 시흥에 집결하여 끝까지 싸우자는 말과 함께 사단장의 무력함을 말하고, 다부동 전투에서 후퇴하는 병사들 앞에 서서 진두지휘를 하면서 내가 후퇴하면 나를 쏘라고 하여 장성급 소대장이 되기도 했다. 산악지형을 통해 평양 진격을 하면서 평양을 선창하면서 밤낮없이 진격하여 제일 먼저 평양에 진입하기도 했다. 중공군 개입 후 한국군 2, 3군단은 해체되었으나 백선엽의 1군단은 건재하여 한국군의 위상을 유지했다. 백 장군은 작전 시 지휘관은 가장 위험하고 중요한 시간과 장소에 위치해야 한다고 주장하면서 전투에서 승리를 쟁취했다. 용감하고 지략 있는 군인이었다.

백선엽 장군은 한국전쟁을 승리로 마감한 주역으로서 공산독재, 김일성 왕조 체제를 거부하고 대한민국 초대 이승만 대통령이 도입한 자유민주주의, 시장경제체제를 정착시켜, 한미동맹을 결성하고, 이를 바탕으로 경제발전을 이루어 보릿고개를 없앤 박정희 대통령의 한강 기적을 가능하게 한 초석을 다지기도 했다. 이처럼, 백선엽 장군은 포용적인 인간, 지인용을 겸비한 군인, 자유 대한민국 애국자였다

한정적인 사진만으로 백선엽 장군의 면모를 다 그릴 수는 없겠으나, 제작진들이 기울인 각고의 노력은 역사적인 업적으로 길이 보전되리라 믿어 의심치 않는다. 실로, 백선엽은 인간, 군인, 애국시민으로서 발군의 모습과 업적을 남기고 역사상 한 면을 기록한 인물이다.

2023년 11월 21일 온창일

군인 백선엽 장군님을 그리며

장군님께서 우리 곁을 떠나신 지도 어언 3년을 훌쩍 넘기고 있습니다. 장군님이 남기신 빛나는 업적은 오늘의 우리 안보와 한미동맹을 더욱 굳건히 하는 데 일조하고 있음을 볼 때 참으로 다행스럽게 여기고 있습니다.

장군님의 그런 불멸의 업적을 담은 사진집을 내게 되어 기쁘게 생각합니다. 전쟁의 누란에서 대한민국을 수호하고, 군을 강군으로 육성시키고, 한미동맹의 디딤돌을 놓고 발전시킨 장군님의 나라 사랑 발자취가 고스란히 담긴 사진집은 6·25전쟁사이자 국군의 발전사이며 대한민국 현대사입니다. 이 사진집을 누구보다 기뻐하실 장군님을 그려봅니다.

2023년 11월 21일 남정옥

Through the Lens of Valor; General Paik's Story in Pictures

사진으로 읽는 군인 백선엽

2023년 11월 20일 초판인쇄
2023년 11월 27일 초판발행

엮은이 오동룡
감　수 온창일
남정옥

펴낸이 신동설
펴낸곳 도서출판 청미디어
신고번호 제2020-000017호
신고연월일 2001년 8월 1일

주　소 경기 하남시 조정대로 150, 508호 (덕풍동, 아이테코)
전　화 (031)792-6404, 6605
팩　스 (031)790-0775
E-mail sds1557@hanmail.net

편　집 신재은
디자인 박정미
마케팅 박경인

정가 38,000원
ISBN 979-11-87861-66-9 03390